AI 高效工作一本通

刘丙润
编著

北京大学出版社
PEKING UNIVERSITY PRESS

内 容 提 要

掌握AI写作，就可以轻松写出高质量职场文章。本书通过对国内外多款AI写作工具的简单介绍，旨在帮助读者快速掌握AI职场文章的写作方法。本书共九章，分别介绍AI写作工具、AI优化简历、职场入门AI写作、AI项目策划、AI项目复盘、AI高效办公、AI高效沟通、让职场更轻松的软件和AI职场视频剪辑等内容。

本书适合职场新老员工、职场管理层领导，以及相关职场培训机构参考使用。

图书在版编目(CIP)数据

AI高效工作一本通 / 刘丙润编著. — 北京：北京大学出版社，2024.2

ISBN 978-7-301-34794-2

Ⅰ. ①A… Ⅱ. ①刘… Ⅲ. ①人工智能－研究 Ⅳ. ①TP18

中国国家版本馆CIP数据核字（2024）第014748号

书　　名　AI高效工作一本通
　　　　　AI GAOXIAO GONGZUO YIBENTONG
著作责任者　刘丙润　编著
责 任 编 辑　王继伟　吴秀川
标 准 书 号　ISBN 978-7-301-34794-2
出 版 发 行　北京大学出版社
地　　址　北京市海淀区成府路205号　100871
网　　址　http://www.pup.cn　　新浪微博：@ 北京大学出版社
电 子 邮 箱　编辑部 pup7@pup.cn　总编室 zpup@pup.cn
电　　话　邮购部 010-62752015　发行部 010-62750672　编辑部 010-62570390
印 刷 者　三河市博文印刷有限公司
经 销 者　新华书店
　　　　　880毫米×1230毫米　32开本　6.75印张　194千字
　　　　　2024年2月第1版　2024年2月第1次印刷
印　　数　1-4000册
定　　价　49.00元

前言

人工智能的出现，极大改变了人们生活的方方面面，尤其是对白领工作者以及相关文字工作者而言。如今，很多人还在担心是否会被人工智能抢饭碗的时候，少数聪明人已经能够熟练使用人工智能了。从市场经济的角度分析，人工智能的发展是大势所趋，那些逃避、抵触的人，无异于背离市场，未来被职场淘汰的概率也会大大增加。

2023年初，ChatGPT闪亮登场，引起了无数人的关注。紧随其后，国内外大量人工智能模型也都陆续跟进。国内以文心一言和讯飞星火认知大模型为主，目前已经可以比肩ChatGPT的性能，相信假以时日，国内人工智能大模型必然能够突破重围，成为全球人工智能的巅峰存在。而本书讲解人工智能调试时以讯飞星火认知大模型和文心一言为主，中间运用到的诸多公式和模板，完全可以同步到ChatGPT、天工AI等多款国内外人工智能模型。

人工智能的发展势必会带来工作效率的提升，但现阶段人工智能所能胜任的工作还比较有限。从好的方面看，如果善于运用人工智能，确实能够有效提升工作效率；相反，如果不能给人工智能输入准确的提示词，它们所给出的答案往往极不精准。

由于目前的人工智能更多地应用在内容处理方面，因此在本书中，笔者会尽可能把职场中涉及文字工作的内容，以人工智能的方式进行展示，并以公式/模板+具体案例的方式进行教学，便于读者更好地使用人工智能。

温馨提示：本书附赠视频学习资源，读者可以扫描右侧二维码关注“博雅读书社”微信公众号，输入本书77页的资源下载码，即可获得本书的学习资源。

刘丙润

目录

第 1 章

AI 改变职场——多款智能化工具解析

一入职场深似海，在职场中少不了“笔杆子”工作：项目策划、项目复盘、演讲稿、发言稿，等等。稿子的好与坏，虽不与升职加薪直接关联，但会给领导留下一个直观的印象。传统写作模式一来浪费大量时间，二来没有太多试错机会。

如今，随着AI革命的到来，各种各样的AI工具可以帮助职场人士巧妙地解决上述问题。在这一章，我们会详细盘点目前国内外知名的AI工具，希望能够帮助职场人士提升工作效率。

1.1 高效能人士都在用的AI写作工具

目前市面上通用的人工智能写作工具如图 1.1 所示。对于部分需要申请才能使用的AI写作工具，大家可自行申请。

图 1.1　职场高效写作AI工具

工具一：ChatGPT

2023 年 2 月，网上陆续出现关于ChatGPT的热搜，甚至像光明网等多家大型官方媒体平台也对此跟踪报道。不夸张地讲，正是ChatGPT火爆全球，才慢慢打开人工智能的红火市场，如图 1.2 所示。

连上多个热搜!火爆全网的ChatGPT到底是个啥?

最近火热的ChatGPT,是美国人工智能研究实验室OpenAI开发的一种全新聊天机器人模型,它能够通过学习和理解人类的语言来进行对话,还能根据聊天的上下文...

光明网 28评论 2月7日

图 1.2 网页截图

即便到现在，ChatGPT仍然是国际一流的人工智能，国内也有很多优秀的人工智能工具与其比肩，比如讯飞星火认知大模型和文心一言。写这本书时，笔者更常用的人工智能工具是讯飞星火认知大模型，使用效果完全不输ChatGPT。

而ChatGPT官方在 2023 年 7 月到 8 月又进行了新一轮扩充（开放安卓端使用权限），早前只开放了苹果手机端使用权限。外界也有专家提出ChatGPT官方之所以这么做，极大概率是因为ChatGPT从 2022 年 11 月发布以来，流量虽稳步攀升，但已逐渐趋于顶端，此时需要借助安卓用户进行新一轮流量扩充，这必然导致微软和OpenAI的冲突进一步加剧。

随着ChatGPT使用人数越来越多，其响应速度等多方面性能表现受到的市场质疑也越来越大，这对于国内的人工智能来说，反而是一个绝佳的逆袭机会。

工具二：通义千问

通义千问是国内为数不多的直接开放职场助理端口的人工智能，能解决各类职场问题。

打开通义千问官网，按照对应流程和提示进行注册，注册成功后可看到其主要功能，如图 1.3 所示。

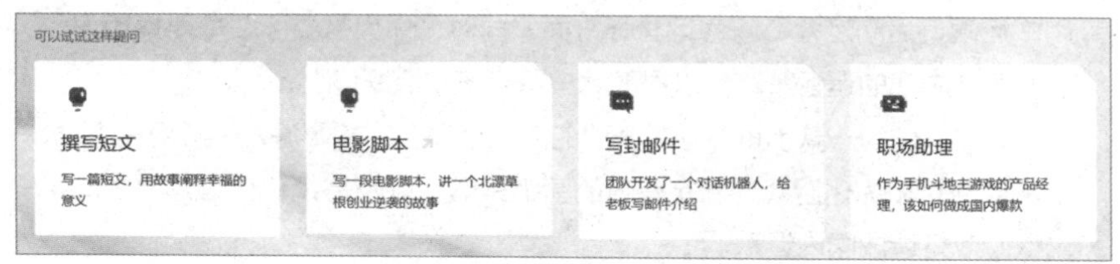

图 1.3　通义千问功能截图

单击“职场助理”按钮后会发现，其已经自动生成一个问题，且在问题下方输出了对应解答方案。

通义千问自动输入问题。

在一个互联网创业公司给一款手机斗地主游戏当产品经理，我该怎么做好这份工作，把这款手机游戏做成国内爆款？请结合斗地主游戏本身特性分析。

通义千问输出如下。

作为一款手机斗地主游戏的产品经理，要想将其打造成国内爆款，你需要从以下几个方面入手。

1. 深入了解用户需求：在开始设计游戏之前，你需要充分了解目标用户的需求和喜好。可以通过市场调查、用户访谈等方式，获取用户对于斗地主游戏的需求和期望。

2. 创新游戏玩法：虽然斗地主是一款经典游戏，但是你可以通过创新玩法来吸引更多的用户。例如，可以加入新的地主模式、增加道具和奖励系统、改变游戏规则，等等。

3. 优化游戏体验：在设计游戏时，要注重用户体验。这包括游戏的流畅性、易用性、美术设计等方面。同时，你也需要不断地优化游戏体验，及时修复漏洞，更新游戏内容，以保持用户的兴趣。

4. 制定营销策略：要想让手机斗地主游戏成为爆款，你需要有一个好的营销策略。这包括选择推广渠道、投放广告、寻找合作伙伴等方面。同时，你也需要不断地监测市场动态，调整营销策略，以提高游戏的曝光度和用户增长率。

5. 持续优化运营：在游戏上线后，你需要持续优化游戏的运营。这包括用户运营、活动运营、内容运营等方面。同时，你也需要不断地收集用户反馈，优化游戏的运营策略，以提高用户留存率和活跃度。

总之，作为一款手机斗地主游戏的产品经理，你需要深入了解用户需求，不断地创新和优化游戏，制定有效的营销策略，以及持续优化运营，才能将这款游戏打造成国内爆款。

图 1.3 所示的界面为通义千问职场专属界面，能够很有效地处理职场遇到的各类问题，其性能虽不如 ChatGPT，但也不失为一款很好的平替产品。

工具三：天工官网

天工官网主界面没有通义千问的“功能项”区分，其更类似于一个综合性语言模型，在该语言模型中，可以对其进行提问，要求语言模型给予答案。

打开天工官网的页面，按照对应流程和提示注册，注册成功后就可以进行语言功能调试了，如图 1.4 所示。

图 1.4　天工官网截图

工具四：讯飞星火认知大模型

在讯飞星火认知大模型中，有比通义千问更复杂的人工智能助手区分，其可以用于对职场中的周报、PPT 及职场述职等相关内容进行调试，如图 1.5 所示。

图 1.5　讯飞星火认知大模型截图

打开讯飞星火认知大模型官网，单击“推荐助手”中的“周报小助理”，发现其对应的分界面已经自动进入助手模式，可根据工作纲要让其帮助我们润色周报，如图 1.6 所示。

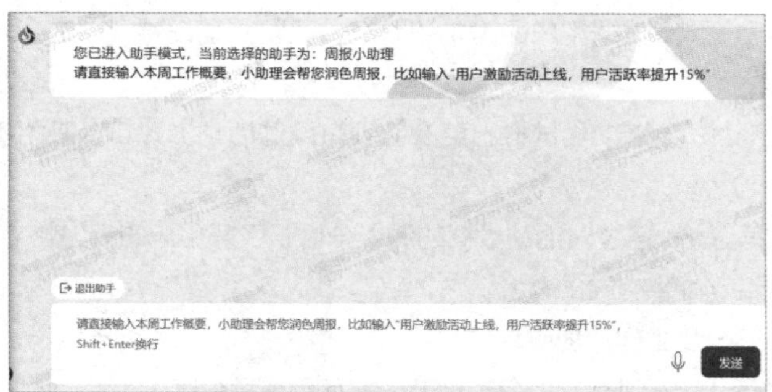

图 1.6　助手模式截图

按提示，输入关键词。

用户激励活动上线，用户活跃率提升 15%。

讯飞星火认知大模型输出如下。

周报

一、活动概述

本周，我们成功上线了一项用户激励活动，旨在提高用户的活跃度和参与度。通过这次活动，我们希望能够进一步增强用户黏性，提升品牌影响力。

二、活动效果

经过一周的运营，我们取得了显著的成果：用户活跃率提升了 15%，相较于活动前有明显的增长。这一成绩充分证明了我们的激励活动在提高用户参与度方面的有效性。

三、活动分析

1. 用户参与度的提升主要得益于以下几个方面的因素。

- 奖励设置：我们为用户提供了丰厚的奖励，如积分、优惠券等，吸引了大量用户的参与。

- 活动宣传：我们加大了活动的宣传力度，通过多种渠道进行推广，提高了用户的知晓度和参与意愿。

- 用户体验优化：我们在活动过程中对用户体验进行了优化，如简化操作流程、提高页面加载速度等，使用户在参与活动的过程中得到更好的体验。

2. 在今后的活动中，我们可以从以下几个方面进行改进。

- 奖励设置：根据用户的需求和喜好，调整奖励设置，以进一步提高用户参与度。

- 活动形式创新：尝试推出更多新颖有趣的活动形式，以吸引不同类型的用户参与。

- 数据分析：通过对活动数据的深入分析，了解用户的行为特点和需求，为下一次活动提供有益的参考。

四、下一步工作计划

1. 继续优化激励活动的各项细节，提高用户满意度。

2. 结合数据分析结果，策划新的用户激励活动，进一步提升用户活跃度。

3. 加强与其他部门的沟通与协作，共同推动品牌形象的提升。

总之，通过本次用户激励活动的上线和运营，我们取得了显著的成果。在未来的工作中，我们将继续努力，为用户提供更优质的服务，提升品牌竞争力。

工具五：达观助手

达观助手可用于WPS，其主要功能有AI续写、全文写作、AI润色和

AI扩写，除此之外还可以用于智能排版。

但达观助手的使用相对特殊，需要先找到达观助手官网进行插件下载。插件下载完成后，按照其界面的使用教程运用在WPS中，在文本工作时能节省大量的时间，尤其是排版及续写功能，如图 1.7 所示。

图 1.7　达观助手官网

工具六：WPS AI

WPS AI与达观助手的功能相差不大，可将其理解为一个插件，主要用于WPS。在WPS AI官网进行下载，下载完成后按照对应流程和提示进行操作即可，如图 1.8 所示。

图 1.8　WPS AI 官网截图

安装完成后，WPS中会显示WPS AI的相关按键，单击对应按键，在WPS右侧界面会展示智能小助手，其支持内容生成、分析全文及推荐相关问题等功能，对于职场写作颇有帮助，如图 1.9 所示。

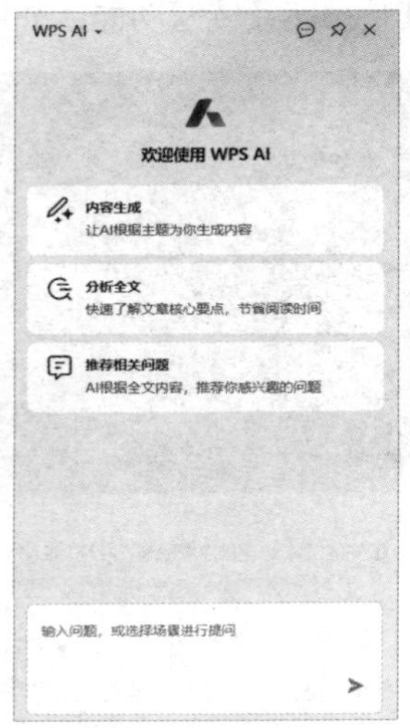

图 1.9　WPS AI界面

工具七：秘塔写作猫

该工具是为数不多的不用申请即可直接一键注册的AI软件，直接打开其官网，单击“登录”即可。秘塔写作猫虽免于申请，但属于付费软件类型，如图 1.10 所示。

图 1.10　秘塔写作猫官网

在主界面中单击“AI写作”，可看到界面中至少有 16 个功能，而这 16 个功能中又有和职场办公密切相关的功能，比如日报周报、邮件、方案报告、头脑风暴、产品评论等，如图 1.11 所示。

图 1.11　秘塔写作猫功能界面

其他工具

除以上AI工具外，还有以下工具也可用于AI写作。

- 百度文心一言：现已免费开放，新手零门槛使用。
- 360 智脑：预约难度较大。
- 华为盘古：目前市场期望值偏高。

除此之外，还有一些可直接使用但对职场写作助力程度不如上述 AI 工具，具体如下。

- Friday智能写作：有免费使用字数限制。
- 阿里妈妈：主要用于淘宝等电商。
- 搭画快写：有免费使用字数限制。
- 腾讯云：需付费使用。

从第 2 章开始，我们会重点讲解 AI如何帮助我们在职场中事半功倍。额外补充一点：我们接下来使用的AI人工智能调试公式，可以应用在所有国内、国外大型人工智能上。

1.2 职场写作三要素：尊重、逻辑、高效

讲解AI职场写作前，首先要明白职场写作有三要素，这三要素是所有AI职场写作必须遵守的原则，分别是：尊重、逻辑和高效。

什么是尊重?

职场中的尊重并不是溜须拍马，而是我们最基本的礼仪和行为规范。它要求我们对公司中的年长者、上司和领导保持礼貌，同时也要表现出对其他员工、公司和公司多元价值观的基本尊重。职场中的尊重可以分为以下 3 点，如图 1.12 所示。

图 1.12　关于尊重的三个关键点

什么是逻辑?

职场中的逻辑是指要确保输出内容结构清晰，内容间有条理，各部分间有明确的逻辑关系。尤其是某些项目策划或任务汇报，会触及最核心的责任问题：

项目由谁负责?

绩效如何分配?

任务完成出色如何奖励?

任务没有完成怎样惩罚?

……

这一切都是逻辑。

而逻辑的重中之重是分清主次，比如领导发言稿的核心是对过去一年的总结和对新一年的展望，如果我们在为领导写发言稿时，把逻辑重心用在领导对员工的批评上，这就属于逻辑错乱。

什么是高效？

前几年职场掀起一股做PPT的风潮，当时有一种说法打趣说“会干活的不如会写报告的，会写报告的不如会做PPT的。”这一点不是随便说说，因为会做PPT的人真的非常“吃香”。对于公司领导来说，只需要看几张图纸就能明白公司未来的发展方向，掌握当下企业发展状况的具体数据，省时省力又省心。

不过，职场中的高效远没有这么简单，对于信息的收集与输出都有很高的要求，下面举个例子。

一个项目，策划周期是7天，领导一周内要求员工变动8次项目方案。不可能每变动一次都耗费一两天的时间，员工耗得起，领导可等不起，这里考验的是信息收集的高效性。把项目策划方案汇报给领导时，领导不可能坐在那里听一两个小时，这个时候就需要员工精简汇报内容、分清主次，这是信息输出的高效性要求。

最后，笔者总结了AI职场写作的几点禁忌，内容如图1.13所示。

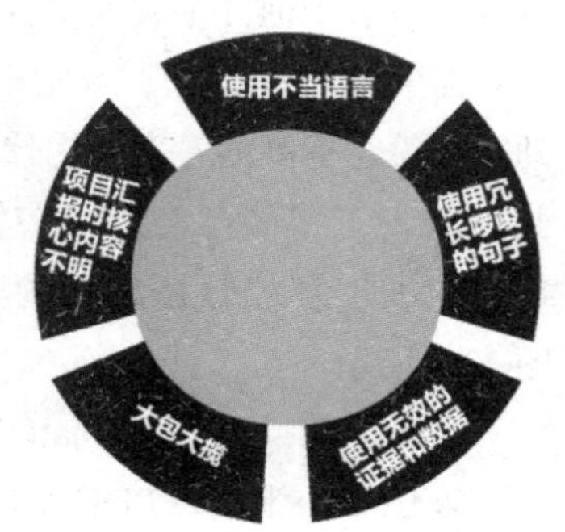

图1.13 AI职场写作的5点禁忌

其一，使用不当语言。粗鄙冒犯、有明显男女歧视或上下级利益纠纷的语言均不可使用，必须充分考虑上层领导与下级员工的关系。

其二，使用冗长啰唆的句子。尤其是会议和演讲，语言一定要精准简洁。

其三，使用无效的证据和数据。尤

其在做项目策划时，每一个数据都必须是真实可查的。

其四，大包大揽。尤其是荣誉及奖金，一个项目如果自己全权负责，百分之百自己完成，那无论怎样做述职报告都没问题，但如果项目中有其他人参与，尤其是触及核心利益分配问题时，就要慎之又慎，不能大包大揽。

其五，项目汇报时核心内容不明。给领导做项目汇报或是周报、月报时，即便在文案中有对应的排版布局，汇报时也要优先侧重讲核心内容，尤其是一对一或一对多汇报，考虑到领导时间有限，以及对于事件全方位的把控需求，在AI职场写作的过程中，要对部分内容做重点标记。

1.3 人工智能数据投喂流程

不管是国内人工智能，还是国外人工智能，在做相关内容调试的过程中，始终需要注意关键一环，即数据投喂。这里的数据投喂，并不指用户直接向人工智能添加自定义数据。以ChatGPT为例，它是OpenAI团队训练的大规模语言模型，用户无法自定义数据。

我们只能通过与ChatGPT进行交互，从而间接影响其回复和表现。为了便于表达，我们暂且称之为“数据投喂”。

本书除第1章、第8章之外，所有内容都需要用到数据投喂。我们会发现，章节中但凡讲到人工智能输入，往往只需要输入一个指令，人工智能就能立即输出符合标准的答案，为什么？因为在此之前人工智能已经历了多轮次的数据投喂。人工智能数据投喂的全流程，如图1.14所示。

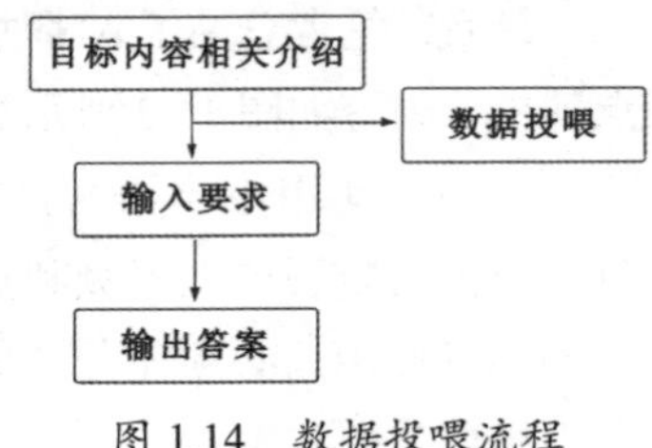

图 1.14　数据投喂流程

在此之前，我们以ChatGPT为例，做数据投喂的最通俗讲解。

给ChatGPT一份PDF文档，要求其对内容摘要等相关内容进行自动生成；

给ChatGPT一份文件，要求其在这份文件中找到最关键信息；

给ChatGPT一份表格，要求其分析表格中的数据变化；

给ChatGPT一份文本，要求其总结模仿相似风格；

给ChatGPT一本书籍，要求其快速阅读并且总结书中讲解的内容；

……

以上全部都是数据投喂。

也就是要求ChatGPT生成相关内容，而这一部分内容在ChatGPT的数据库中没有或无法有效地筛选出来。所以我们给ChatGPT提供内容，提供的是ChatGPT生成的上限和下限，ChatGPT必须依据这份文本来做内容输出。

以ChatGPT为例，做数据投喂案例讲解。

对ChatGPT输入如下内容。

请帮我介绍一下《结构化写作》这本书。

ChatGPT输出如下。

很抱歉，我的知识库截至 2021 年，我没有关于《结构化写作》这本书的详细信息。如果您能提供更多的上下文或信息，我会尽力帮助您。结构化写作通常指的是一种将文本组织、逻辑、框架等元素进行系统化处理的写作方法，有助于让读者更好地理解和跟随文章的思路。

如果您能提供更多关于这本书的信息，或者需要关于其他写作方面的帮助，我将非常乐意为您提供支持。

继续对ChatGPT输入如下内容。

《结构化写作》这本书非常火爆，你能帮我简单介绍一下这本书吗？并且生成一份种草文案。

ChatGPT输出如下。

很抱歉，我之前没有关于《结构化写作》这本书的信息，所以无法为您提供详细的介绍。不过，如果您能够提供一些关于这本书的具体内容、作者、出版社等信息，我可以尝试为您生成一份种草文案。请提供更多信息，我将尽力帮助您。

继续对ChatGPT输入如下内容。

已知《结构化写作》这本书，是一本与写作相关的书，你对这本书怎么看?

ChatGPT输出如下。

尽管我没有关于《结构化写作》这本书特定的信息，但我可以就一般的结构化写作方法和写作工具提供一些见解。

结构化写作是一种在写作过程中强调组织、逻辑和框架的写作方法。它强调将思想和信息以有条理、清晰的方式呈现给读者，使他们更容易理解和跟随文章的思路。这种方法可以有助于创作各种类型的作品，包括论文、报告、小说、文章等。

在结构化写作中，常见的原则和技巧包括:

1. 大纲: 在写作之前，制定一个详细的大纲，列出文章的主要部分和段落，有助于构建逻辑结构并避免遗漏重要内容。

2. 引言、主体、结论: 分清楚文章的引言、主体和结论部分，确保每个部分的内容都紧密联系，形成一个连贯的整体。

3. 逻辑关系: 确保段落之间有明确的逻辑关系，使用过渡句子或连接词引导读者从一个想法过渡到另一个想法。

4. 并列和层次: 利用并列和层次结构组织信息，使读者能够逐步深入理解主题。

5. 简洁明了: 用清晰简洁的语言表达思想，避免冗长和晦涩的句子。

6. 标题和副标题: 使用恰当的标题和副标题预示文章内容，帮助读者快速理解主题。

7. 遵循写作规范: 根据特定的写作规范和格式撰写，如学术论文的引用格式、新闻报道的倒金字塔结构等。

总之，结构化写作是一种有助于提升写作质量和效果的方法，它强调逻辑性、清晰性和组织性，使读者更容易理解和欣赏作者的思想。如果您对这方面的内容感兴趣，我也可以为您提供更多关于写作技巧和方法的信息。

我们会发现，无论怎样要求人工智能生成与《结构化写作》这本书相关的介绍，ChatGPT 总是左推右倒，即便其生成内容，也与这本书差了十万八千里，而之所以造成这样的局面，主要原因在于没有对 ChatGPT 做数据投喂。

再一次对 ChatGPT 输入如下内容。

已知《结构化写作》的内容简介为：掌握写作结构，就可以轻松写出高质量的文章。本书通过对 10 种经典写作结构的介绍，旨在帮助读者快速掌握绝大多数文章的写作方法。本书共 14 章，分别介绍写作赋能、内容拆解和对标账号、金字塔结构、故事体结构、盘点体结构、自问自答结构、资讯式结构、层进式结构、个人成长式结构、高能素材结构、干货体结构、反三幕式结构、6 种写作行为规范及如何写出更有价值的作品。本书适合写作新人、写作爱好者、新媒体从业人员，以及相关培训机构参考使用。

再一次对 ChatGPT 输入如下内容。

请针对上述内容，生成一份《结构化写作》一书的种草文案。

ChatGPT 输出如下。

当然，请看以下针对《结构化写作》一书的种草文案：

你是否常常在写作时感到无从下手？是不是有时候文字表达总是不够流畅，思路有些混乱？别担心，现在有了《结构化写作》，让你的文字变得有逻辑、有深度、更引人入胜！

《结构化写作》不仅是一本书，更是你写作路上的得力助手。它以深入浅出的方式，揭示了 10 种经典写作结构的奥秘，帮助你掌握让文章更富吸引力的方法。

你将在这本书的 14 个精彩章节中，领略写作赋能、内容拆解和对标账号的妙用，探索金字塔结构、故事体结构的魅力，学会盘点体结构、自问自答结构的巧妙组织，体验资讯式结构、层进式结构的递进魔力，感受个人成长式结构、高能素材结构的独特魔力，甚至掌握反三幕式结构的高级技巧。

不仅如此，书中还分享了 6 种写作行为规范，让你的文字更加专业。无论你是刚刚踏入写作领域的新手，还是渴望在新媒体行业崭露头角的从业者，抑或是纯粹的写作爱好者，这本书都会成为你提升写作技能、塑造独特写作风格的必备工具。

不再为文思枯竭而忧虑，不再为文章的结构而烦恼。让《结构化写作》成为你的秘密武器，引导你轻松驾驭文字的力量，为你的创意和思想找到最佳的表达方式。别再犹豫，走进《结构化写作》的世界，开启一段写作之旅，点亮你的文字梦想！

———

所以会发现，当对ChatGPT进行资料补充后，其可以生成需要的内容，而之前的这一步操作就叫作数据投喂。之所以拿《结构化写作》这本书举例，是因为这种方式更形象。

从第 2 章开始，将对人工智能做数据调试，比如要求讯飞星火认知大模型、文心一言、ChatGPT等人工智能，在简历优化、写演讲稿、个人工作规划、部门工作规划、做项目策划、项目复盘、高效办公、高效沟通，甚至视频剪辑等方面提供帮助，笔者会在人工智能的输入框输入：请针对上述信息帮我生成某些特定文案或特定脚本。

那么，针对的“上述信息”究竟是什么？我们需要重复本节的操作，把需要提前补充的信息填入人工智能中，先完成最基本的数据投喂（投喂内容在后面章节中，一般以公式、案例方式展示）。

完成投喂之后，再要求人工智能对相关文本或相关指令一键输出即可。

第 2 章

AI 优化简历——轻松打造面试率 99% 的简历

2019 年，笔者大学毕业参加校招，当时笔者和一位小伙子一起参加某网络公司的面试。面试官让我们做一个简单的自我介绍，排在笔者前面的那位小伙子拿出一份简历给面试官，在一旁滔滔不绝讲了 15 分钟，其中 5 分钟介绍姓氏，5 分钟讲自己在学校获得的荣誉奖项，还有 5 分钟明显跑题了。

面试官实在忍不住了，伸手打断了小伙子的发言，并且告诉他："这 5 页的简历先不看了，您先出门等通知吧，如果合适的话我们会给您电话通知。"等这位小伙子走出去后，三位面试官都没忍住，趴在桌子上哈哈大笑。

可见，一份好的求职简历是多么重要。

2.1 求职简历的七要素和五原则

无论简历是由人工智能生成，还是自己手动完成，始终要注意：简历中必须包含七要素、五原则，缺一不可。

先来看求职简历的七个要素，如图 2.1 所示。

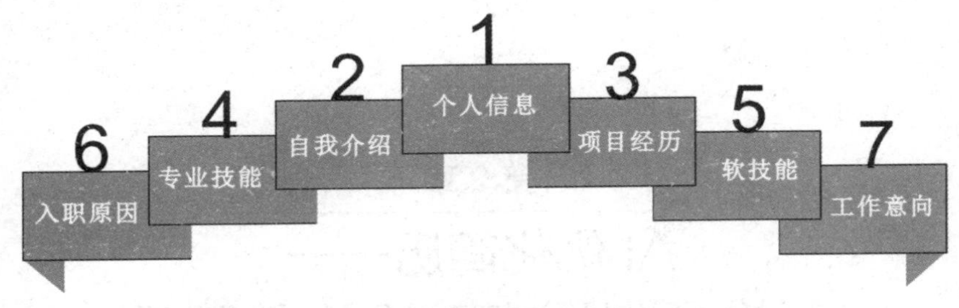

图 2.1　求职简历七要素

七要素

要素一，个人信息。在简历中，要提及姓名、年龄、籍贯、联系方式、电子邮箱等基本信息，让面试官看到简历上的个人信息后，能准确联系到应聘者，且对应聘者有大概了解。

要素二，自我介绍。可介绍过去的就职企业、特长、能力、在某行业中的优势条件，若是本科毕业生，参与校园校招时可以介绍在高校获得的种种荣誉。

要素三，项目经历。盘点过去参与的项目及实习经历，这其中必须包括项目名称、项目时间、所在公司或机构及在项目中做出的贡献。

要素四，专业技能。专业技能包括但不限于大学时拥有的技能，比如计算机一级、二级、三级、四级，英语四级、六级等。也包括在校生毕业后，在公司或社会上参与种种项目时所拥有的项目经验或技能，比如专业课技能、编程语言技能、软件应用技能及国家认证的其他专业技能。

要素五，软技能。软技能相对复杂一些，包括但不限于兴趣爱好，比如乒乓球、羽毛球、篮球、足球。也包括职场中的种种情绪输出，比如沟通能力、团队合作和解决问题能力、领导力等。

要素六，入职原因。入职原因需要详细补充，比如公司人文气氛、办公环境、职业发展前景及公司在发布招聘信息时的某个关键信息吸引自己。

要素七，工作意向。工作意向包括但不限于求职意向、职位薪资待遇、工作地点、工作时间等。

五原则

除以上七大要素外，还有五大原则性问题也需要注意，如图 2.2 所示。

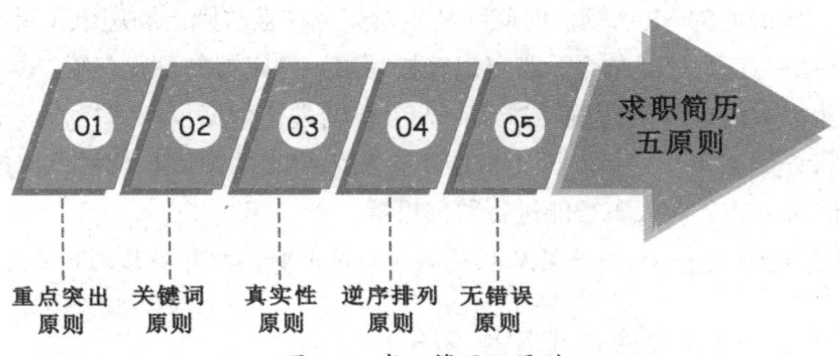

图 2.2　求职简历五原则

原则一，重点突出原则。简历中如果有关键技能或重要成就，一定要放在显眼位置，最好加粗加黑，方便面试官第一时间了解我们的优势。

原则二，关键词原则。部分公司在招聘系统中会对简历进行筛选，年龄及学历要详细填写，比如年龄直接填 27 岁，学历直接填 ×× 大学，方便面试官初筛。

原则三，真实性原则。从事的项目、获得的荣誉或掌握的关键技能，一定要确保真实，一旦在面试或背调时填写虚假信息，极有可能被公司列入黑名单。

原则四，逆序排列原则。填写学历或工作履历时，一定要按照时间进行逆序排列，从最近时间段逆时间轴来写工作履历，有利于突出最新成就。

原则五，无错误原则。简历中不要存在大量错别字、语法错误及明显的排版错误。

了解求职简历的七要素和五原则后，可尝试用讯飞星火认知大模型针对输入的关键信息一键生成简历。

2.2 如何写出完美的自我介绍？讯飞星火认知大模型帮你搞定

简历中至关重要的一环是自我介绍，针对这一点，笔者提炼出三大公式，分别是STAR法则、时间线法则及亮点加强法则。利用讯飞星火认知大模型与三大公式结合，就可以轻松写出一份完美的自我介绍。

从本节内容开始，就要涉及对人工智能进行数据投喂的操作。本节会进行详细演示，之后对人工智能不再输入重复性内容，读者可以按照本节所讲方法，对人工智能进行数据投喂。

【情景假设】一位程序员从之前的A公司离职，打算跳槽到B公司。

公式一：STAR法则（见图2.3）

- S（Situation）：介绍你曾经面临的具体情境。
- T（Task）：说明你的任务或目标是什么。
- A（Action）：描述你采取了哪些行动来完成任务。
- R（Result）：强调你的行动带来了什么样的结果。

STAR法则

1 S 情境
2 T 任务
3 A 行动
4 R 结果

图 2.3　STAR 法则

在该法则中，假定如下。

- S（Situation）：2023 年上半年原公司组织过 5 个项目，有 3 个项目是由该程序员独立完成的。
- T（Task）：设计程序的架构和逻辑，编写设计文档。
- A（Action）：设计算法和数据结构编写设计文档。
- R（Result）：项目顺利运行，完成项目交付。

根据以上投喂数据，对讯飞星火认知大模型输入如下内容。

一位程序员从之前的A公司离职，打算跳槽到B公司。他想要写一份完美的自我介绍，要符合STAR法则公式。

STAR法则公式指的是：

- S（Situation）：介绍你曾经面临的具体情境。
- T（Task）：说明你的任务或目标是什么。
- A（Action）：描述你采取了哪些行动来完成任务。
- R（Result）：强调你的行动带来了什么样的结果。

在该法则中，假定：

- S（Situation）：2023 年上半年原公司组织过 5 个项目，有 3 个项目是由该程序员独立完成的。
- T（Task）：设计程序的架构和逻辑，编写设计文档。
- A（Action）：设计算法和数据结构编写设计文档。
- R（Result）：项目顺利运行，完成项目交付。

针对STAR法则的假定，帮该程序员撰写一份职场自我介绍，并在结尾再次强调该程序员过去达成的成就，以及如何将这些经验应用到新的职位中。

讯飞星火认知大模型输出如下。

尊敬的招聘官：

非常感谢您给我这个机会介绍自己。我是一名有着丰富经验的软件开发工程师，有着深厚的计算机科学背景和技能。以下是我的自我介绍。

我曾在A公司领导了五个项目，其中三个项目是我独立完成的。这些项目包括设计和实现复杂的软件系统，以及编写高质量的代码和设计文档。在这些项目中，我的任务是设计程序的架构和逻辑，编写设计文档，并确保项目的顺利运行。为了完成这些任务，我采取了一系列行动。

首先，我利用我的技术知识和经验来设计算法和数据结构，以确保软件系统的性能和稳定性。其次，我撰写详细的设计文档，以便其他团队成员能够理解和实施我的设计。最后，我与团队成员密切合作，确保项目的顺利运行，及时解决任何问题和挑战。

由于我的努力，这些项目都成功地完成了，并且得到了客户的高度赞扬。这些项目的成功不仅证明了我的技术和项目管理能力，也展示了我的团队合作和沟通能力。

总的来说，我相信我的经验和技术能使我成为B公司的一名优秀的候选人。我期待着有机会为B公司贡献我的技术和管理能力，帮助公司实现其业务目标。谢谢您考虑我的申请。

公式二：时间线法则（见图2.4）

- 过去：描述你的过去经历和成就，可以按时间顺序组织。
- 现在：阐述你目前的情况和职业状况，强调你的现有技能和能力。
- 将来：展望你未来的目标和计划，表达你的职业愿景。
- 结尾：总结过去、现在和将来的经历，强调你的成长和发展。

时间线法则

1 过去
2 现在
3 将来
4 结尾

图 2.4 时间线法则

在该法则中，假定如下。

- 过去：2023 年上半年原公司组织过 5 个项目，2019 年、2021 年和 2022 年有三次跳槽经历。
- 现在：优秀程序员在业内有非常好的口碑，负责设计算法和数据结构编写。
- 将来：希望能够入职贵公司，为公司发展添砖加瓦。
- 结尾：再次强调入职贵公司的渴望心情。

对讯飞星火认知大模型输入如下内容。

一位程序员从之前的A公司离职，打算跳槽到B公司。他想要写一篇完美的自我介绍，要符合时间线法则。

时间线法则指的是：

- 过去：描述你的过去经历和成就，可以按时间顺序组织。
- 现在：阐述你目前的情况和职业状况，强调你的现有技能和能力。
- 将来：展望你未来的目标和计划，表达你的职业愿景。
- 结尾：总结过去、现在和将来的经历，强调你的成长和发展。

在该法则中，假定如下。

- 过去：2023 年上半年原公司组织过 5 个项目，2019 年、2021 年和 2022 年有三次跳槽经历。
- 现在：优秀程序员在业内有非常好的口碑，负责设计算法和数据结构编写。

- 将来：希望能够入职贵公司，为公司发展添砖加瓦。
- 结尾：再次强调入职贵公司的渴望心情。

针对时间线法则的假定，帮该程序员撰写一份职场自我介绍，并在结尾再次强调入职贵公司的渴望。

讯飞星火认知大模型输出如下。

尊敬的招聘官：

非常荣幸能够有机会向您介绍自己。我是一名有着丰富经验和卓越成就的程序员，希望能够加入贵公司，并为公司的发展贡献自己的力量。以下是我的自我介绍。

在过去的几年中，我经历了几次跳槽，每次都是因为想要挑战自己并追求更高的职业发展。2019 年，我从一家小型公司加入了 A 公司，开始从事软件开发工作。在A公司，我参与了许多重要项目的设计、开发和测试，并取得了很好的成果。2021 年，我被另一家知名公司录用，继续从事软件开发工作。在这家公司，我领导了多个团队，成功地完成了多个复杂的项目。最近一次跳槽是在 2022 年，我加入了一家创业公司，担任高级软件工程师职位。在这里，我负责设计算法和数据结构，并编写高质量的代码和设计文档。

目前，我是一名优秀的程序员，在业内享有非常好的口碑。我擅长设计算法和数据结构，并能够将其转化为高效的代码。同时，我也是一名出色的团队成员，能够与其他开发人员合作，共同完成项目目标。

我希望能够在贵公司继续发挥我的技能和能力，并为公司的发展做出更大的贡献。我相信我的经验和专业知识将使我成为贵公司的有价值的成员。

总的来说，过去的工作经历让我成长为一名专业的软件工程师，并且让我对职业生涯的追求更加明确。现在，我渴望加入贵公司，与同行们一起工作，实现更多的目标。非常感谢您考虑我的申请。

公式三：亮点加强法则（见图2.5）

- 自我介绍：以简洁的语言介绍你的身份和专业领域。
- 亮点一：强调你最突出的一项技能或成就。

● 亮点二：强调你的第二个重要技能或优势。

● 亮点三：再强调一个与目标职位相关的亮点。

● 结尾：总结你的自我介绍，强调你为公司带来的价值。

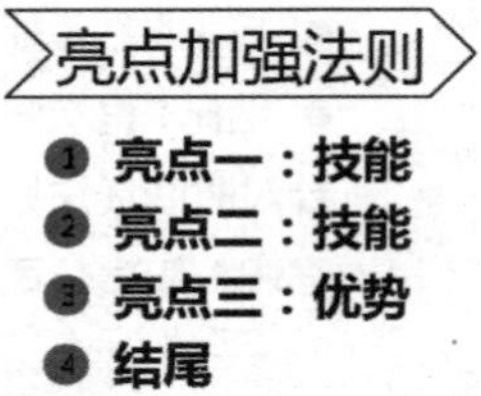

图 2.5 亮点加强法则

在该法则中，假定如下。

● 自我介绍：姓名刘丙润；程序员工作经验 5 年；应聘职位为项目总监。

● 亮点一：设计算法方面拥有成熟作品且极其优秀。

● 亮点二：数据结构方面曾配合团队成员完成项目，获得不错的成绩。

● 亮点三：熟悉多种编程结构，工作效率高。

● 结尾：性价比高，能够为公司带来更大贡献。

10 对讯飞星火认知大模型输入如下内容。

一位程序员从之前的A公司离职，打算跳槽到B公司。他想要写一篇完美的自我介绍，要符合亮点加强法则。

亮点加强法则指的是：

● 自我介绍：以简洁的语言介绍你的身份和专业领域。

● 亮点一：强调你最突出的一项技能或成就。

● 亮点二：强调你的第二个重要技能或优势。

● 亮点三：再强调一个与目标职位相关的亮点。

● 结尾：总结你的自我介绍，强调你为公司带来的价值。

在该法则中，假定：

● 自我介绍：姓名刘丙润；程序员工作经验 5 年；应聘职位为项目总监。

● 亮点一：设计算法方面拥有成熟作品且极其优秀。

● 亮点二：数据结构方面曾配合团队成员完成项目，获得不错的成绩。

● 亮点三：熟悉多种编程结构，工作效率高。

● 结尾：性价比高，能够为公司带来更大贡献。

针对亮点加强法则的假定，帮该程序员撰写一份职场自我介绍，并在结尾再次强调他的性价比高优势。

讯飞星火认知大模型输出如下。

尊敬的招聘官：

您好！我是刘丙润，一名有着 5 年工作经验的程序员，非常荣幸有机会应聘贵公司的项目总监职位。以下是我的自我介绍。

我拥有丰富的编程经验，擅长设计算法和数据结构，并曾配合团队成员完成多个项目，获得了不菲的成绩。同时，我也熟悉多种编程语言和开发工具，能够高效地完成工作。

作为一名项目总监，我相信我的技能和经验能使我成为贵公司的优秀候选人。我有一项最突出的成就是设计算法方面拥有成熟作品且极其优秀。我曾经独立完成了一个复杂的算法设计项目，并在项目中取得了卓越的成果。这个项目得到了客户的高度赞誉，为公司赢得了很多商机。

另外，我还有另一个重要优势，就是数据结构方面的能力。在以前的工作中，我曾配合团队成员完成过一个大型的数据管理项目，并获得了很好的成绩。我对数据结构和算法的理解非常深入，能够快速解决各种问题。

最后，我认为我的性价比高也是我的优势之一。我不仅具备专业的技能和经验，而且还有较高的工作效率和良好的沟通能力。我相信我可以为贵公司带来更大的贡献，同时也能够在团队中发挥重要的作用。

感谢您考虑我的申请。期待有机会加入贵公司，与同行们一起实现更多的目标。

STAR法则、时间线法则、亮点加强法则这三大公式，大家可以采用其中任意一种，把需要重点表现的内容总结成小短句，填充到公式中，再输入讯飞星火认知大模型中，就可以要求讯飞星火认知大模型一键生成简历了。大家可以针对自己当下的职场工作状态，总结个人优势或关键点，尝试使用人工智能一键输出。

2.3 如何让简历脱颖而出？讯飞星火认知大模型帮你完成个性化内容设计

自我介绍和简历有什么区别？大家求职时一定遇到过这种情况，简历递交后，面试官看到简历的同时还要求进行自我介绍，为什么？一来考验语言逻辑，二来通过自我介绍更方便了解我们。那是否意味着不用准备简历了呢？当然不是，自我介绍要讲好，简历也要写好。

讯飞星火认知大模型如何帮我们完成个性化内容设计呢？整体来看，有三方面必须依托讯飞星火认知大模型来完成：关键词优化设计、个性化排版设计以及语言风格设计，如图 2.6 所示。

图 2.6　简历个性化内容设计

以程序员为例，假设简历中要体现编程语言技术专长及使用的开发工具，则简历上可以标记相关内容，编程语言以 Python、Java、C++ 为主；技术专长以 Web 开发、移动应用开发、人工智能、数据分析为主；开发工具以 Git、IDE（例如 Visual Studio Code、Eclipse、PyCharm 等）为主。

但如果简历中只标记以上关键信息，很难引起面试官的注意，所以需要对上述关键信息做关键词优化设计。

对讯飞星火认知大模型输入如下内容。

我现在需要做一份简历，在简历中需要体现出编程语言技术专长及使用的开发工具，请帮我对上述关键词做优化设计。

讯飞星火认知大模型输出如下。

个人简历

基本信息：

姓名：×××　　　　　　　　　　联系方式：×××

学历：×××　　　　　　　　　　邮箱：×××

专业技能：

1. 精通Python、Java和C++编程语言，掌握常见数据结构和算法；

2. 熟悉Web开发、移动应用开发、人工智能和数据分析等领域；

3. 熟练使用Git进行版本控制，能够高效地管理代码；

4. 熟练掌握IDE（如Visual Studio Code、Eclipse、PyCharm等）的使用。

项目经历：

1. Python Web开发

- 使用Django框架开发电商平台网站；
- 实现用户注册登录、商品搜索、购物车功能；
- 优化系统性能，提高用户体验。

2. Java移动应用开发

- 使用Spring Boot框架开发社交类移动应用；
- 实现用户注册登录、个人信息展示、好友互动等功能；
- 适配多种手机机型和操作系统，保证应用的兼容性和稳定性。

3. C++数据分析与人工智能

- 使用OpenCV库实现图像处理和目标检测算法；
- 使用TensorFlow深度学习框架构建神经网络模型，实现图像分类和语义分割；
- 运用数据挖掘技术分析用户行为数据，提供个性化推荐服务。

语言技能：

英语：CET-6，能够流利阅读英文技术文档和参与技术交流。

自我评价：

本人具有扎实的编程基础和丰富的项目经验，能够快速学习新技术和应用新工具。具有良好的沟通能力和团队合作精神，善于发现问题并提出解决方案。希望能够加入贵公司，为公司的发展贡献自己的力量。

把个人求职意向、个人优势、职场阅历等相关信息汇总后，按照上述流程要求，利用讯飞星火认知大模型对关键词做优化设计。

此外讯飞星火认知大模型还可以做语言风格设计，那语言风格有哪些呢？一般分为以下 5 种风格：传统风格、创意风格、时尚风格、简约风格和学术风格。

（1）传统风格，其一般使用标准的字体符号，内容按照时间顺序呈现，包括盘点工作经历、罗列教育背景、总结工作经验等，这一类风格适用于大多数传统行业。

（2）创意风格，其一般采用独特的设计和排版，更具备吸引力和个性，简历有图表、图像，通过色彩的凹凸表现技能和特点，一般用于艺术家、设计师等创业行业。

（3）时尚风格，其更注重排版和外观，比创意风格更具吸引力，主要凸显个人品位，一般用于新媒体领域、时尚领域。

（4）简约风格，其一般侧重于内容清晰明朗，突出核心信息，一般用于技术领域和工程领域。

（5）学术风格，其一般侧重于学术成就、论文研究经历，一般用于学术界和研究人员。

使用讯飞星火认知大模型做个性化排版设计时，由于其使用限制，往往只能对文字方面做排版设计，图纸、图表等内容需单独设计。语言风格设计和个性化排版设计需要有具体案例展示。为了便于理解，我们直接要求讯飞星火认知大模型写一份简历。

10 对讯飞星火认知大模型输入如下内容。

针对上述信息，帮我写一份简历，要求简历具备七要素和五原则。

注意： 因为人工智能是可以实现上下文连贯使用的，所以在要求讯飞星火认知大模型针对上述信息生成一份简历时，其可以针对前面调试内容直接一键生成，如果没有上述调试，则需要给讯飞星火认知大模型做额外的信息补充。

讯飞星火认知大模型输出如下。

个人简历

基本信息：

姓名：×××　　联系方式：×××

学历：×××　　邮箱：×××

求职意向：

应聘职位：Web开发工程师/移动应用开发工程师/人工智能工程师/数据分析师

期望薪资：面议

教育背景：

××××年-××××年　×××大学　计算机科学与技术专业　学士学位

专业技能：

1. 精通Python、Java和C++编程语言，掌握常见数据结构和算法；

2. 熟悉Web开发、移动应用开发、人工智能和数据分析等领域；

3. 熟练使用Git进行版本控制，能够高效地管理代码；

4. 熟练掌握IDE（如Visual Studio Code、Eclipse、PyCharm等）的使用；

5. 英语能力：CET-6，能够流利阅读英文技术文档和参与技术交流。

工作经历：

××××年—至今　×××科技有限公司　软件开发工程师

主要工作内容：

1. 负责公司电商平台网站的后端开发和维护，使用Django框架实现用户注册登录、商品搜索、购物车功能；

2. 独立完成移动应用开发任务，使用Spring Boot框架实现用户注册登录、个人信息展示、好友互动等功能；

3. 参与公司的数据分析项目，使用OpenCV库实现图像处理和目标检测算法，使用TensorFlow深度学习框架构建神经网络模型，实现图像分类和语义分割；

4. 运用数据挖掘技术分析用户行为数据，提供个性化推荐服务。

自我评价：

本人具有扎实的编程基础和丰富的项目经验，能够快速学习新技术和应用新工具。具有良好的沟通能力和团队合作精神，善于发现问题并提出解决方案。在工作中注重代码规范和可读性，能够提高项目的可维护性和可扩展性。希望能够加入贵公司，为公司的发展贡献自己的力量。

10 **接着对讯飞星火认知大模型生成的内容做关键词优化设计、个性化排版设计、语言风格设计，输入如下内容。**

输入一：请对上述简历中的项目经历、专业技能和软技能做关键词优化设计。

输入二：将语言风格调整为传统风格，重点罗列相关工作经验。

输入三：帮我做个性化排版设计，工作经历置于下方，优先突出我的专业技能和软技能。

经三轮调试后，讯飞星火认知大模型输出如下。

个人简历

基本信息：

姓名：××× 性别：男 出生年月：××××年××月

联系方式：电话：×××-××××-×××× 邮箱：×××@×××.com（隐藏）

求职意向：

应聘职位：Web开发工程师/移动应用开发工程师/人工智能工程师/数据分析师

期望薪资：面议

教育背景：

××××年—××××年 ×××大学 计算机科学与技术专业学士学位

专业技能：

1. 精通Python、Java和C++编程语言，掌握常见数据结构和算法；

2. 熟悉Web开发、移动应用开发、人工智能和数据分析等领域；

3. 熟练使用Git进行版本控制，能够高效地管理代码；

4. 熟练掌握IDE（如Visual Studio Code、Eclipse、PyCharm等）的使用；

5. 英语能力：CET-6，能够流利阅读英文技术文档和参与技术交流。

工作经历：

××××年—至今　　×××科技有限公司　　软件开发工程师

主要工作内容：

1. 负责公司电商平台网站的后端开发和维护，使用Django框架实现用户注册登录、商品搜索、购物车功能；

2. 独立完成移动应用开发任务，使用Spring Boot框架实现用户注册登录、个人信息展示、好友互动等功能；

3. 参与公司的数据分析项目，使用OpenCV库实现图像处理和目标检测算法，使用TensorFlow深度学习框架构建神经网络模型，实现图像分类和语义分割；

4. 运用数据挖掘技术分析用户行为数据，提供个性化推荐服务。

自我评价：

本人具有扎实的编程基础和丰富的项目经验，能够快速学习新技术和应用新工具。具有良好的沟通能力和团队合作精神，善于发现问题并提出解决方案。在工作中注重代码规范性和可读性，能够提高项目的可维护性和可扩展性。希望能够加入贵公司，为公司的发展贡献自己的力量。

注意： 三轮调试，每一次输入，人工智能都会输出一份新简历，由于简历所占篇幅过大，为了简单有效展示简历的变化，上述为三轮调试后的最终简历。

2.4 如何让简历设计更匹配？利用文心一言反向拆解公司应聘诉求

我们可以依托人工智能设计一份个人满意的优秀简历，但设计简历时有一个问题：其是否匹配公司的应聘诉求？这一点至关重要。那么，如何能够设计出匹配公司应聘诉求的简历呢？通过文心一言反向拆解公司应聘诉求，可以实现这一点。

注意： 文心一言的反向拆解能力要比讯飞星火认知大模型和ChatGPT略胜一筹，所以在本书中只要涉及反向拆解问题，我们统一用文心一言进行调试，在后续的内容调试过程中，我们也会选择最适合的人工智能软件进行讲解。

这是一则有关程序员的招聘信息，内容如下。

岗位职责：

1. 完成软件系统代码的实现，编写代码注释和开发文档。

2. 辅助进行系统的功能定义、程序设计。

3. 根据设计文档或需求说明完成代码编写，调试测试和维护。

4. 分析并解决软件开发过程中的问题。

5. 协助测试工程师制订测试计划，定位发现的问题。

6. 配合项目经理完成相关任务目标。

任职资格：

1. 计算机或相关专业本科学历以上。

2. 2 年以上软件开发经验。

3. 熟悉面向对象思想，精通编程、调试和相关技术。

4. 熟悉应用服务器的安装、调试、配置及使用。

5. 具备需求分析和系统设计能力，以及较强的逻辑分析和独立解决问题能力。

6. 能熟练阅读中文、英文技术文档；富有团队精神、责任感和沟通能力。

直接对文心一言输入如下内容。

请帮我分析上述关于程序员的招聘需求，假设你现在是一位应聘的求职者，你在简历当中会从哪些方面重点突出自己符合该岗位的诉求？

文心一言输出如下。

作为一位应聘的求职者，在简历中，我会从以下几个方面重点突出自己符合该岗位的诉求。

教育背景：首先，我会突出我的计算机或相关专业的本科学历，如果我有更高的学历或者相关的证书，我也会一并提及。

工作经验：我会详细列出我过去的软件开发经验，尤其是我参与过的项目的细节，包括我在项目中的角色，我负责的部分，以及我如何帮助团队实现目标的。

技术技能：我会强调我熟悉的编程语言和开发工具，以及我在面向对象编程、调试和相关技术方面的经验。我也会提及我对应用服务器的安装、调试、配置及使用的熟悉程度。

问题解决和分析能力：我会提供一些例子，展示我在过去的工作中如何发现和解决问题的，以及我如何进行需求分析和系统设计的。

团队协作和沟通能力：我会强调我在过去的团队中的表现，以及我如何与同事和项目经理进行有效沟通的。

阅读和理解技术文档的能力：我会提及我能熟练阅读中文、英文技术文档，并给出一些我过去成功理解和应用技术文档的实例。

总的来说，我的目标是展示我的技能和经验与该岗位的需求高度匹配，同时突出我能为团队带来的价值。

继续对文心一言输入如下内容。

结合上述信息，请帮我编写一份简历，要求其符合上述公司的应聘要求。

文心一言输出如下。

个人信息：

姓名：[您的姓名]。

联系方式：[您的联系方式]。

教育背景：

[您的大学]，[您的城市，国家]。

计算机科学学士学位，[毕业年份]。

工作经验：

[公司名称]，[公司所在地]。

软件工程师，[开始日期—结束日期]。

负责[项目名称]的开发，实现核心功能并完成单元测试。

与团队成员紧密协作，参与需求分析和系统设计。

成功解决[具体问题]，提高了系统的性能和稳定性。

协助测试团队定位并解决问题，确保软件质量。

为客户提供技术支持，解决用户在使用过程中遇到的问题。

技术技能：

熟练掌握Java，了解Spring框架和MySQL数据库。

熟悉面向对象编程思想和设计模式。

熟练使用Git进行版本控制和团队协作。

熟悉Linux操作系统和基本的服务器配置。

能够阅读和理解英文技术文档。

问题解决和分析能力：

在[项目名称]中，成功解决了[具体问题]，提高了系统的性能和稳定性。

在[项目名称]中，对需求进行深入分析，提出了合理的系统设计方案并得到团队认可。

团队协作和沟通能力：

在[项目名称]中，与团队成员紧密协作，共同完成了项目的开发和测试工作。

在团队中担任核心角色，积极参与团队讨论和决策，为团队的成功做出了贡献。

阅读和理解技术文档的能力。

在[项目名称]中，成功阅读和理解了英文技术文档，并将其应用到项目中。

在日常工作中，经常阅读最新的技术文章和博客，保持对新技术的学习和掌握。

其他：

对新技术和新领域有浓厚的学习兴趣，愿意不断学习和进步。

具备良好的自我管理和时间管理能力，能够独立完成任务并在压力下工作。

这涉及另一个非常重要的问题：因为简历是结合公司招聘需求生成的，所以部分内容可能不符合其标准，为了保证简历真实性，防止因弄虚作假而直接被淘汰掉，此时应对简历中的核心内容做简单调试，符合条件的置顶突出，不符合条件的在后面备注并做后期修改。

完成上述操作后，按照 2.3 节中的讯飞星火认知大模型完成个性化内容设计和完善简历即可。

利用人工智能生成简历高效便捷，甚至只需提供关键信息：词组、真实履历、入职意向等，2 ～ 3 分钟即可生成一份符合公司诉求的简历。

但是我们结合 2.3、2.4 两节来看，文心一言生成的个人简历要略逊于讯飞星火人之大模型，这同时给我们提了一个醒，目前国内的人工智能在帮助我们生成内容时，整体质量都非常可观，多款人工智能间各有优劣。所以在接下来的章节中，我在使用人工智能进行内容调试时会告诉大家，我们为什么使用这款人工智能工具，以及这款人工智能工具相比于其他工具而言优势在哪里。

2.5 求职简历投递技巧及五点禁忌事项

利用人工智能写出简历后，只需把这份简历投递出去，等待公司面试信息即可。但在这中间还有一个环节非常重要，求职简历的投递有哪些技巧？我们补充以下两点。

其一，适当跟进。简历投递后没有消息有两种可能，一是面试官看不上，二是面试官因工作疏忽未看到。所以对于中意的岗位，简历投递完成后 3 ～ 5 天，我们可以适当地打电话进行询问，既能留下一个好印象，同时自己也有更多时间做后续准备。

其二，多公司、多渠道投递简历。不把鸡蛋放在一个篮子里，也不在一棵树上吊死，否则得不偿失。可以借鉴以下 6 种投递简历的方式，如图 2.7 所示。

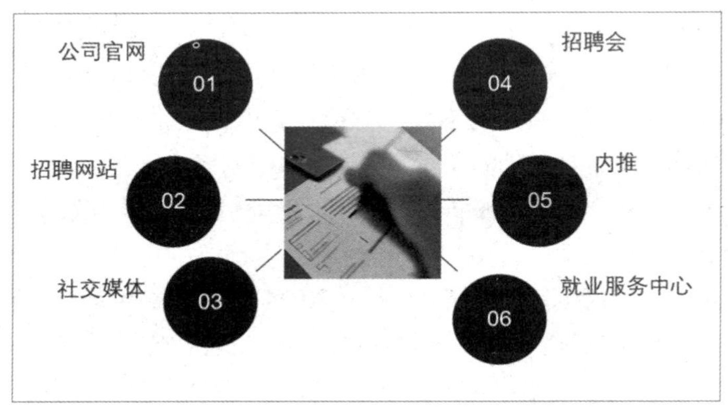

图 2.7　简历投递的 6 种方式

方式一，公司官方网站。某些大型公司，尤其是世界 500 强或国企、央企的招聘信息，更多是在公司官网招聘信息栏中出现，很少在 58 同城等平台公开招聘。

方式二，招聘网站。比如 58 同城、BOSS 直聘等诸多招聘网站，其可以更快地对接求职者和招聘方。

方式三，社交媒体。部分公司通过社交媒体招聘，尤其是电子厂流水线这类工作岗位，部分公司甚至边开直播边招聘，以此获得大量的求职信息。

方式四，当地的人才招聘会。以笔者所居住的四线城市为例，每年至少有 2 ～ 3 场招聘会，当地有名的企业会在一些大型广场商圈举办年度招聘会。

方式五，内推。如果有朋友熟人在其他公司工作，他们可以帮我们进行内推，简历会更容易引起关注。

方式六，学校的就业服务中心。如果大三、大四即将毕业或大学刚毕业一年，在这个阶段可以联系学校就业服务中心，它们会提供招聘信息及求职指导。

准备好简历后，在简历投递环节，以下 5 点千万不要做，如图 2.8 所示。

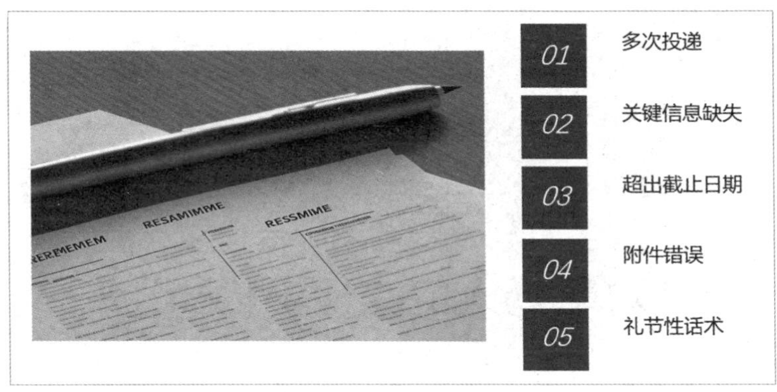

图 2.8 简历投递环节的 5 点禁忌

第 1 点，同一简历连续投递同一公司同一部门多次。当简历投递后，如果对方短期没有回应，可以电话咨询，而不是连续投递多次，很容易引起面试官厌恶。

第 2 点，简历中缺失关键信息。投递简历过程中，没有填写个人联系方式或联系方式错误，即便面试官希望线下沟通进行面试，也无法联系到个人。

第 3 点，投递日期超过截止日期。部分企业招聘时为了方便管理，会设置截止日期，比如 7 月 26 日截止招聘，7 月 27 日投递简历大概率是没有面试资格的。

第 4 点，附件出现问题或错误及没有附件。部分公司招聘时要求提供附件，包括但不限于做过的项目、编写的程序、样品等，这些内容是需要通过附件同步投递的，不要忘记。

第 5 点，忽略礼节性话术。投递简历前可先表达自己对贵公司的入职意愿，投递简历后适当跟进。无论是什么形式的简历，都要确保面试官收到简历后不失真、不变形。简历中如果有明显的入职某公司的意愿，一定要仔细甄别，不要写错公司名字，更不要拿上一家公司的简历去投递下一家公司，尤其是含有入职上一家公司信息的简历。

第 3 章

职场写作——针对职场人的 AI 写作入门课

我们在职场写作中会遇到一些基础写作问题，比如演讲稿、发言稿、个人工作规划、部门工作规划，甚至员工培训计划，这些基础写作不影响KPI，却影响领导对自己的印象，做得好不一定受表扬，做得差一定得挨批评。

如果个人花费大量时间精力钻研职场写作，实际效果并不好，不如将精力放在本职工作的提升上面。

如今，AI写作工具的诞生完美解决了这个问题，让职场写作变得非常轻松。

3.1 让文心一言帮你写演讲稿，彰显高情商

公司只要有活动，大概率会涉及演讲内容，这时一份精彩的演讲稿是必不可少的。如今，随着人工智能大模型的普及，写出一篇精彩的演讲稿已经非常简单。

首先，我们需要了解演讲稿的七个要素，如图 3.1 所示。

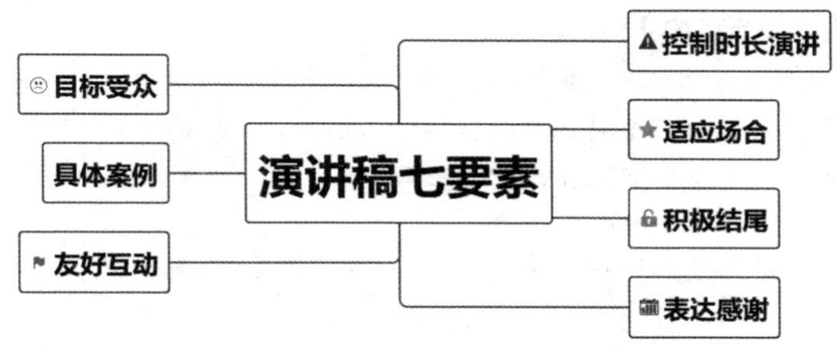

图 3.1　演讲稿七要素

目标受众：首先要搞清楚演讲的受众是谁，了解其背景、兴趣和需求，根据受众特点调整演讲内容的语言风格。比如目标受众是领导，演讲要偏向述职报告方面；目标受众是同事或手底下的员工，演讲要偏向诙谐幽默路线。

具体案例：演讲最忌讳泛泛而谈，比如演讲中涉及公司往年成绩，要有案例、具体数据、递增幅度；演讲涉及个人亲身经历，则要有时间、阶段、事件及启发。

友好互动：演讲不是拿着稿子在台上念，而是面向受众，需要在演讲过程中给予受众反应和回应的时间，进行友好互动。

控制演讲时长：一般演讲时长控制在 5 ～ 15 分钟即可，某些特殊场合除外。

适应场合：什么场合说什么话很重要，例如公司年终大会，你非要讲业绩亏损、领导不作为、团队挫折……既扫别人的兴，意义也不大。

积极结尾：演讲有主题，主题有结论，结论如果太过消极，那不讲也罢。

表达感谢：一般演讲时可适当地对同事、员工、领导表示感谢，这种感谢是礼节性的感谢。

那么，如何让文心一言一键生成演讲稿呢？笔者总结了三大公式，只需按公式操作，就可一键调试。

在此之前，先做几个原则性假定，并将其输入文心一言。

对文心一言输入如下内容。

我想写一篇演讲稿，要符合以下两个假定。

假定一：此次写演讲稿是因为元旦有活动。

假定二：此次演讲稿以员工的视角来写。

公式一：问题陈述—分析—行动—结果（见图3.2）

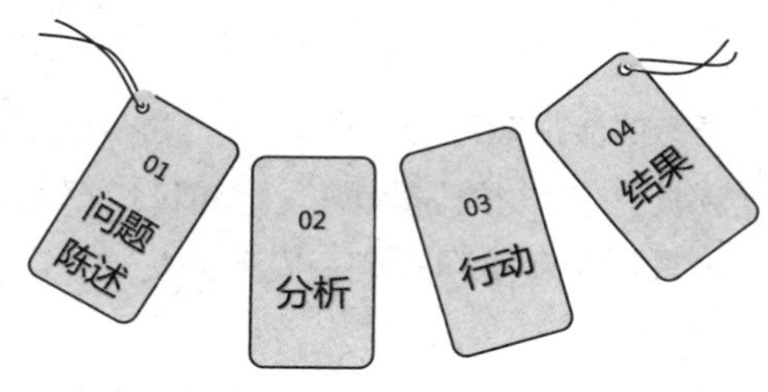

图 3.2　公式一

- 问题陈述：明确要解决的问题或面临的挑战，以引起听众的共鸣。
- 分析：深入分析问题的原因和影响，体现对问题的理解和洞察。
- 行动：提供具体、可行的行动计划，说明如何解决问题和实现目标。
- 结果：结果如何，比如这次事件给予的启发，以及能够获得的感悟。

关键信息如下。

- 问题陈述：最开始两个季度销售业绩明显下滑，员工深感乏力和无助。
- 分析：市场发生巨大变动，新员工无法解决棘手问题。
- 行动：找项目总监寻求帮助，公司领导和高层介入之后给予了大量资源。
- 结果：本年度超额完成任务，绩效比往年提升了 170%，有困难找领导，公司团队一家亲。

根据以上投喂数据，对文心一言进行如下输入（公式二、公式三的操作不再详细讲解，具体方法参见公式一的操作步骤）：

请生成一篇演讲稿，要符合如下公式。

公式一：问题陈述—分析—行动—结果公式

- 问题陈述：明确要解决的问题或面临的挑战，以引起听众的共鸣。
- 分析：深入分析问题的原因和影响，体现对问题的理解和洞察。
- 行动：提供具体、可行的行动计划，说明如何解决问题和实现目标。
- 结果：结果如何，比如这次事件给予的启发，以及能够获得的感悟。

关键信息如下。

- 问题陈述：最开始两个季度销售业绩明显下滑，员工深感乏力和无助。
- 分析：市场发生巨大变动，新员工无法解决棘手问题。
- 行动：找项目总监寻求帮助，公司领导和高层介入之后给予了大量资源。
- 结果：本年度超额完成任务，绩效比往年提升了 170%，有困难找领导，公司团队一家亲。

按照问题陈述—分析—行动—结果公式中填充的关键信息，帮我写一份年终演讲稿。

文心一言输出如下。

尊敬的领导、亲爱的同事们：

大家好！今天，我非常荣幸能够在这里与大家一起分享我们在过去一年里所经历的挑战和取得的成绩。在这一年中，我们共同面对了一个巨大的问题，那就是最开始的两个季度销售业绩明显下滑，员工们感到深深的乏力和无助。

面对这个问题，我们进行了深入的分析。我们发现，市场的变化是业绩下滑的主要原因之一。随着竞争的加剧，我们的产品不再具有优势，而新员工也无法立即解决这些棘手的问题。这些问题让我们感到困惑和无助，但我们并没有放弃。

在这个关键时刻，我们决定寻求帮助。我们找到了项目总监，与他们共同商量解决问题的办法。在高层领导的介入下，我们获得了大量的资源支持，包括更多的市场调研、产品改进和销售培训。这些资源让我们重新振作起来，也让我们看到了解决问题的希望。

在行动方面，我们采取了一系列的具体措施。首先，我们对产品进行了重新设计和定位，以满足客户的需求。其次，我们加强了销售团队的培训和管理，提高了他们的专业能力和团队合作精神。最后，我们与客户进行了更深入的沟通和交流，以了解他们的需求和反馈。

通过这些努力，我们在本年度超额完成了任务，绩效比往年提升了170%。这个成绩是我们团队共同努力的结果，也是我们在面对困难和挑战时所展现的团结和勇气。这个经历让我们更加深刻地认识到，有困难找领导，公司团队一家亲的重要性。

在这个演讲中，我想强调的是，我们在面对问题时不能放弃，而是要勇敢地面对它们。我们要深入分析问题的原因和影响，找到解决问题的办法，并采取具体的行动措施。只有这样，我们才能够克服困难，实现目标。

最后，我要感谢公司领导的支持和信任，感谢同事们的努力和付出。在新的一年里，我们将继续努力工作，为公司的发展贡献自己的力量。谢谢大家！

公式二：故事开篇—结果先行—经历回溯—成功秘诀（见图3.3）

图 3.3　公式二

- 故事开篇：讲述一个生动有趣的故事，引起听众的兴趣和好奇心。
- 结果先行：先介绍你的成果或取得的成功，吸引听众的注意。
- 经历回溯：回顾你的经历和付出，解释你取得成功的过程。
- 成功秘诀：揭示取得成功的关键因素，分享经验和教训。

根据公式二的内容，对文心一言输入如下关键信息。

- 故事开篇：详细讲解今年年初遇到的各种困境，尤其是销售业绩差的困境。

- 结果先行：在这种情况之下，销量比往年提升了 170%。
- 经历回溯：找项目总监、找部门领导，获得领导层的大力支持。
- 成功秘诀：遇到困难去找领导沟通，获取对应资源，不要盲目瞎干。

继续对文心一言输入如下内容。

按照故事开篇—结果先行—经历回溯—成功秘诀公式中填充的关键信息，帮我写一份年终演讲稿。

文心一言输出如下。

尊敬的领导，亲爱的同事们：

大家好！今天我非常荣幸能够站在这里，与大家共同分享我们在过去一年中所经历的挑战和取得的成绩。今年年初，我们面临着各种困境，其中最让我们感到困扰的就是销售业绩的下滑。那个时候，我们感到迷茫和无助，不知道该如何是好。

然而，就是在这样的困境中，我们团队没有放弃，而是选择了勇敢地面对。我们找项目总监、找部门领导，积极寻求帮助和支持。在领导层的大力支持下，我们获得了更多的资源和指导，这让我们重新看到了希望，也让我们的行动更加有力和有针对性。

在这一年中，我们不断地尝试和探索，不断地学习和成长。我们重新审视了我们的产品和市场，重新制订了我们的销售策略和推广计划。我们加强了团队的建设和管理，提高了员工的专业素质和团队合作精神。我们与客户进行了更深入的沟通和交流，了解了他们的需求和反馈，不断优化我们的产品和服务。

通过这些努力，我们在本年度取得了非常好的成绩，销量比往年提升了 170%。这个成绩是我们团队共同努力的结果，也是我们在面对困难和挑战时所展现的团结和勇气的体现。

回首这一年的经历，我深深地领悟到了一个道理：遇到困难去找领导沟通，获取对应资源，不要盲目瞎干。这是我们成功的秘诀之一。在面对困境时，我们需要冷静地分析问题的原因和影响，找到解决问题的办法，然后积极寻求领导的支持和帮助，获得更多的资源和指导。只有这样，我们才能够克服困难，实现目标。

最后，我要感谢公司领导的支持和信任，感谢同事们的努力和付出。在新的一年里，我们将继续努力工作，为公司的发展贡献自己的力量。谢谢大家！

公式三：过去时间线—现在时间线—未来时间线—展望总结（见图3.4）

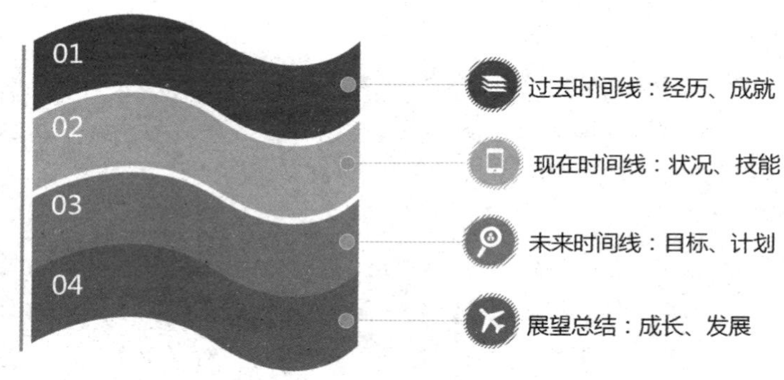

图 3.4　公式三

- 过去时间线：描述你的过去经历和成就，可以按时间顺序组织。
- 现在时间线：阐述你目前的情况和职业状况，强调你的现有技能和能力。
- 未来时间线：展望你未来的目标和计划，表达你的职业愿景。
- 展望总结：总结过去、现在的经历，强调你的成长和发展，展望未来。

提供关键信息如下。

- 过去时间线：今年 1 ～ 6 月，销售业绩亏损，远不及往年销售业绩。今年 7 ～ 11 月，销售业绩极速提升，年业绩总额达到了往年的 170%。

● 现在时间线：今年 12 月，我又额外签了 47 个订单给公司，超额完成了年度任务。

● 将来时间线：明年我将会再接再厉，争取超额完成今年业绩的 200%。

● 展望总结：之所以能成功，是因为在今年 6 月份时找领导谈话，领导给予我很多的资源支持，我必然会继续努力，不辜负领导的信任。

对文心一言输入如下内容。

按照过去时间线—现在时间线—未来时间线—展望总结公式中填充的关键信息，帮我写一份年终演讲稿。

文心一言输出如下。

尊敬的领导，亲爱的同事们：

大家好！今天我非常荣幸能够站在这里，与大家共同分享我们在过去一年中所经历的挑战和取得的成绩。回顾过去的一年，我们走过了一条不平凡的道路，也取得了一些令人瞩目的成果。

在今年 1～6 月的时候，我们的销售业绩亏损，远不及往年的销售业绩。但是，我们并没有放弃，而是选择了勇敢地面对。在今年 7～11 月的时候，我们的销售业绩极速提升，年业绩总额达到了往年的170%。这个成绩的背后，是我们团队的不懈努力和追求。

而现在，在今年 12 月的时候我又额外签了 47 个订单给公司，超额完成了年度任务。这个成绩是我个人的荣誉，更是我们团队的荣誉。我想借此机会感谢我的领导和同事们，是你们的支持和帮助让我能够取得这样的成绩。

展望未来，明年我将会再接再厉，争取超额完成今年业绩的 200%。我相信，只要我们团队齐心协力、勇往直前，就一定能够实现这个目标。同时，我也希望能够与大家一起分享我的成功经验和心得，帮助更多的人在工作中取得更好的成绩。

在这一年中，我深深地领悟到了一个道理：在工作中遇到困难时，不要轻易放弃，而是要勇敢地面对。只有不断地尝试和探索，才能够找到解决问题的办法。同时，也要积极地寻求领导的支持和帮助，获得更多的资源和指导。只有这样，我们才能够克服困难，实现目标。

最后，我要感谢公司领导的支持和信任，感谢同事们的努力和付出。在新的一年里，我们将继续努力工作，为公司的发展贡献自己的力量。谢谢大家！

注意： 文心一言在语言连贯度和文字输出能力上更具优势，所以我们本节用文心一言来帮我们生成演讲稿，而不是讯飞星火认知大模型和ChatGPT。本章的3.2节和3.3节同理。

3.2 你还在为领导发言稿绞尽脑汁吗？文心一言一键输出

假定场景——现在是2023年12月20日，领导找到你并给你安排如下任务，如图3.5所示。

其一，2024年1月20日公司开年终总结大会。

其二，领导需要发言至少三分钟，且发言稿需要由你帮领导准备。

其三，发言稿中需要有对2023年的复盘总结，对2024年的展望，以及新年的假期安排。

其四，领导年龄大，说话沉稳，但偶尔会开些玩笑，发言稿必须符合领导调性。

图3.5 虚构任务

当接到领导安排的任务后，此时只有以下两条路可以走。

第一条路，用电脑或手写的方式，根据自己的经验，绞尽脑汁帮领导写一份发言稿。

第二条路，通过人工智能的巧妙调试，直接一键输出领导发言稿。

显然，第二条路是最省力的选择，通过文心一言一键输出，然后进行人工调试，就可以在短时间内完成一份高质量的领导发言稿。

那么，如何用文心一言一键生成领导发言稿呢？笔者总结出两套公式，我们可以用人工智能一键套用。

模板一：SWOT分析法（见图3.6）

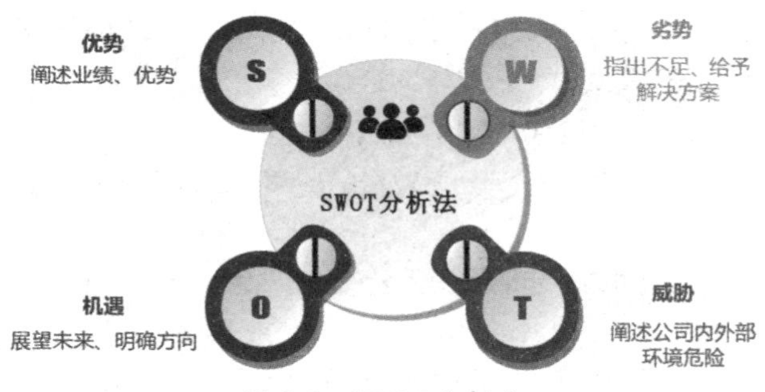

图 3.6　SWOT 分析法

S（Strength，优势）：阐述过去一年公司发展的业绩，目前在同行业当中占据的优势。

W（Weakness，劣势）：对过去一年时间里，指出公司发展的种种不足，并需要给出解决方案。

O（Opportunity，机遇）：对未来行业给予展望，明确指出明年的发展方向，面对行业做红利分析。

T（Threat，威胁）：阐述公司目前遇到的危险，包括外部环境中存在的不利因素及内部环境当中存在的种种工作问题。

关键信息如下。

S：拥有三组 10 人以上的优秀团队，与 26 家客户建立良好合作关系。

W：公司在某些领域设计能力不足，技术更新速度不快，人才队伍不稳定。

O：计算机网页设计出现新趋势，数字化转型带来机遇，可拓展到新的合作伙伴。

T：越来越多的竞争对手加入，市场竞争逐渐内卷，公司资金链出现问题，经济不稳定。

SWOT分析法基本是公司领导的发言稿的必备模式之一。开篇先讲过去一年时间的总结，好坏分层次讲。紧随其后需要有对未来的展望，以及当下阶段公司遇到的危险分析。当把这 4 个部分合而为一时，一篇优秀的发言稿就可以敲定了。

10 根据以上投喂数据，对文心一言进行如下输入（模板二的操作不再详细讲解，具体方法参见公式一的操作步骤）。

请生成一篇领导发言稿，要符合如下公式。

S（优势）：阐述过去一年公司发展的业绩，目前在同行业当中占据的优势。

W（劣势）：对过去一年时间里，公司发展的种种不足给予指出，并需要给出解决方案。

O（机遇）：对未来行业给予展望，明确指出明年的发展方向，面对行业做红利分析。

T（威胁）：阐述公司目前遇到的危险，包括外部环境中存在的不利因素及内部环境当中存在的种种工作问题。

关键信息如下。

S：拥有三组 10 人以上的优秀团队，与 26 家客户建立良好合作关系。

W：公司在某些领域设计能力不足，技术更新速度不快，人才队伍不稳定。

O：计算机网页设计出现新趋势，数字化转型带来机遇，拓展到了新的合作伙伴。

T：越来越多的竞争对手加入，市场竞争逐渐内卷，公司资金链出现问题，经济不稳定。

按照SWOT公式中填充的关键信息，帮我写一份领导发言稿。

文心一言输出如下。

亲爱的同事们:

大家好!

今天，我们聚集在这里，回顾过去，展望未来。在这个时刻，我想和大家分享一下我们公司过去一年的业绩，以及我们在行业中所处的位置。

首先，让我们来看看我们的优势。在过去的一年里，我们的公司拥有三组 10 人以上的优秀团队，这些团队在各自的领域中表现出色，推动了我们公司的快速发展。此外，我们还与 26 家客户建立了良好的合作关系，这些客户对我们的产品和服务给予了高度评价，也为我们带来了稳定的业务来源。这些优势是我们公司在行业中处于领先地位的关键。

然而，我们也必须正视我们的劣势。在过去的一年中，我们发现公司在某些领域的设计能力不足，这限制了我们的产品和服务的竞争力。此外，我们的技术更新速度不够快，这让我们在面对市场变化时显得有些被动。更重要的是，我们的人才队伍不够稳定，一些优秀的员工离开了公司，这给我们的业务发展带来了不小的冲击。为了解决这些问题，我们将加大投入，提升我们的设计能力，加速技术更新，同时加强员工培训和福利保障，提高人才队伍的稳定性。

当然，我们也面临着巨大的机遇。随着计算机网页设计的新趋势的出现，数字化转型为我们带来了前所未有的机遇。我们将积极探索这些新趋势，把握市场变化，优化我们的产品和服务。此外，我们还拓展了一些新的合作伙伴，这些伙伴的加入将为我们的业务发展注入新的活力。

然而，我们也必须警惕威胁的存在。越来越多的竞争对手加入了我们所在的行业，市场竞争越来越激烈。这对我们的业务带来了不小的压力，我们必须更加努力才能保持领先地位。此外，我们公司的资金链也出现了一些问题，经济不稳定的情况也给我们的业务发展带来了风险。我们将密切关注这些问题，采取必要的措施来应对。

总的来说，我们在过去的一年中取得了一些显著的成果，但也存在一些需要改进的地方。我们将正视这些问题，积极采取措施来解决。同时，我们也要把握市场机遇，加强合作，推动公司的快速发展。我相信在大家的共同努力下，我们一定能够在未来取得更加辉煌的成就!

谢谢大家!

模板二：比较对比法（见图3.7）

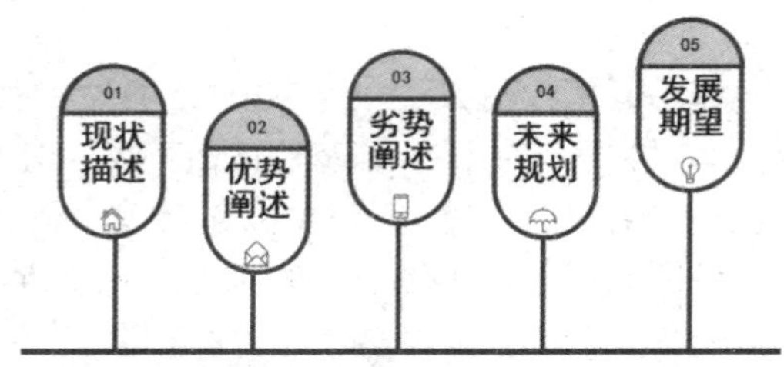

图 3.7　比较对比法

- 现状描述：领导对公司当下阶段所经历的现状做简单叙述。
- 优势阐述：相对过去——现存优势，做简单盘点。
- 劣势阐述：相对过去——现存劣势，做简单盘点。
- 未来规划：对公司未来发展做出规划。
- 发展期望：对公司未来发展做出的规划内容，定下短期目标和长期目标。

比较对比法是公司领导发言稿的必备模式之二。在开篇先讲公司的现存状态，简单盘点优势和劣势。随后对公司未来做出规划，定下目标。该模板更像是服务型模板，优势阐述和劣势阐述是服务于现状描述的，发展期望是服务于未来规划的。

那么，如何用文心一言一键生成呢？在此之前，我们先假定几个关键信息，具体如下。

- 现状描述（今年公司营收 4000 万元，净利润突破 500 万元，公司账上现金达到了 2700 万元。）
- 优势阐述（新组建的三个部门实现盈利，公司业务领域拓展了 6 个。）
- 劣势阐述（部分老员工消极怠工，某些员工因工作失误给公司带来 30 万元损失。）
- 未来规划（业务继续做大，复制可盈利模式。）
- 发展期望（明年公司营收要突破 6000 万元，净利润要突破 1000 万元。）

对文心一言输入如下内容。

按照比较对比法模板中填充的关键信息，帮我写一份领导演讲稿。

文心一言输出如下。

亲爱的同事们：

大家好！

很高兴能够在这里与大家分享我们公司今年的业绩以及未来的发展规划。在今年，我们公司的营收达到了 4000 万元，净利润突破了 500 万元，公司账上的现金也达到了 2700 万元。这些成绩的背后，是我们团队的不懈努力和团结协作的精神。

当然，我们也存在一些不足之处。部分老员工存在消极怠工的情况，这给我们的业务发展带来了一定的影响。此外，某些员工因为工作失误，给公司带来了 30 万元的损失。这些问题需要我们认真对待，采取必要的措施加以解决。

但是，我们也有很多优势。今年，我们新组建了三个部门，这些部门在很短的时间内就实现了盈利，为公司的业务发展贡献了新的力量。此外，我们的业务也拓展了 6 个新的领域，这些领域的开拓将进一步增强公司的竞争力和市场占有率。

对于未来，我们有着清晰的规划。我们将继续把业务做大，复制我们的可盈利模式，不断开拓新的市场和领域。我们相信，只要我们团队齐心协力、勇往直前，就一定能够实现我们的目标。

具体来说，我们希望明年公司的营收能够突破 6000 万元，净利润能够突破 1000 万元。这些目标需要我们团队的共同努力和拼搏才能实现。我们需要加强团队协作，提高员工的积极性和工作效率，不断优化我们的业务流程和管理体系，以确保我们的目标能够实现。

最后，我想强调的是，我们公司的成功离不开每一位员工的努力和付出。只有大家齐心协力、团结一致，才能够实现我们的目标。让我们携手共进，共创美好未来！

谢谢大家！

接下来再给大家展示一个运用文心一言的小技能——语言情境调节。

领导发言稿更倾向于结合领导特性做个性化设计，而不是千篇一律的机械式发言，否则效果会大打折扣。所以假定领导具备如下特性，如图 3.8 所示。

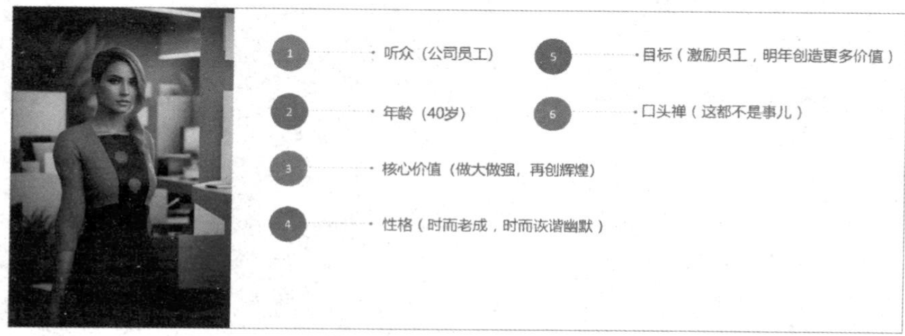

图 3.8　假定领导特性

对文心一言输入如下内容。

针对上述内容中增添的领导个性化设计，帮我重新写一份领导发言稿。

文心一言内容输出如下。

亲爱的同事们：

大家好！

很高兴能够在这里与大家分享我们公司今年的业绩以及未来的发展规划。虽然我已经是个 40 岁的“老人家”了，但我依然充满活力和激情！

在今年，我们公司的营收达到了惊人的 4000 万元，净利润更是突破了 500 万元大关，公司账上的现金也达到了 2700 万元。这些成绩的背后，离不开我们团队每一位成员的辛勤付出和卓越表现。

当然，我们也存在一些不足之处。部分老员工存在消极怠工的情况，这给我们的业务发展带来了一定的影响。此外，某些员工因为工作失误，给公司带来了 30 万元的损失。不过没关系，这都不是事儿！我们相信人有失手，马有失蹄。只要我们吸取教训，继续努力，就一定能够克服这些问题。

我们也有很多优势。今年，我们新组建了三个部门，这些部门在很短的时间内就实现了盈利，为公司的业务发展贡献了新的力量。此外，我们的业务也拓展了 6 个新的领域，这些领域的开拓将进一步增强公司的竞争力和市场占有率。只要我们继续保持创新和进取的精神，我相信我们一定能够做大做强，再创辉煌！

对于未来，我们有着清晰的规划。我们将继续把业务做大，复制我们的可盈利模式，不断开拓新的市场和领域。明年，我们的目标是实现 6000 万元的营收和 1000 万元的净利润。我相信只要我们团队齐心协力、勇往直前，就一定能够实现这个目标。这不是一件容易的事情，但我相信只要我们一起努力，这都不是事儿！

最后，我想强调的是，我们公司的成功离不开每一位员工的努力和付出。只有大家齐心协力、团结一致，才能够实现我们的目标。让我们携手共进，共创美好未来！让我们一起为公司的明天创造更多的价值！

谢谢大家！

最后，有三点需要补充说明的地方，如图 3.9 所示。

理解核心内容

务必要理解领导发言的核心内容

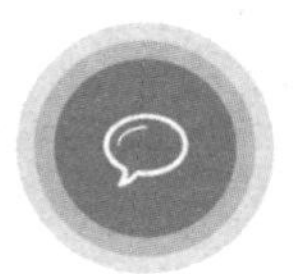

个性化调试

要根据领导的性格、年龄、口头禅、核心价值、听众、目标这六类内容进行个性化调试

特殊性

稿件内不能出现复杂字或多音节字，且需要符合当时语境

图 3.9　三点补充

3.3 让文心一言帮你写个人工作规划，未来不再迷茫

在职场中，领导在某些特定情况下会要求我们写工作规划，而这个

时候我们也可以通过文心一言巧妙借力，如图 3.10 所示。

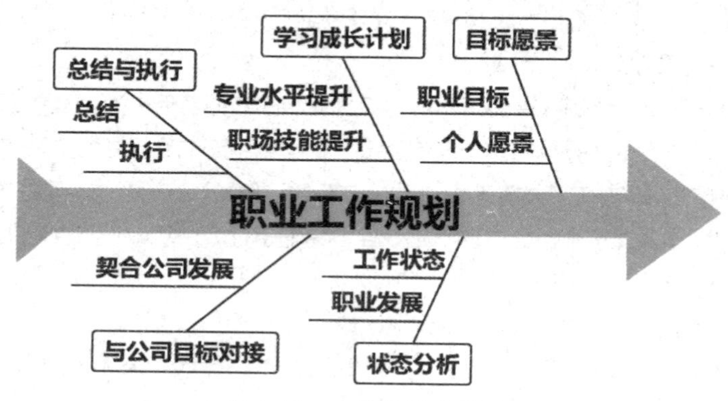

图 3.10 工作规划鱼骨图

职场工作规划有严格的五个步骤，分别是目标愿景、状态分析、学习成长计划、与公司目标对接、总结与执行。

- 目标愿景：明确个人职业目标和个人愿景，阐述对未来职业发展的期望，包括但不限于短期期望和长期期望。
- 状态分析：对当下工作状态和职业发展做分析，包括但不限于现阶段的优势和不足。
- 学习成长计划：包括但不限于学习新技能、参与各种培训来提升专业水平，实现职场技能提升，包括但不限于软技能提升。
- 与公司目标对接：将个人发展规划与公司发展规划相结合，展现个人发展与公司愿景的契合度。
- 总结与执行：将上述规划按实施步骤及对应的时间表，分条罗列，详细执行。过程中建议与领导深度沟通协商，确保个人工作规划与公司发展相符合。

如何写工作规划，笔者也总结了一套公式，具体如下。

①目标愿景：确定短期目标和长期目标。

②状态分析：目前职位及职责、个人优势、发展需改进的领域。

③学习与成长计划：学习新技能与知识、参加培训与发展计划。

④与公司发展目标对接：工作规划与公司发展目标的关联。

⑤总结与执行：工作规划总结、具体执行步骤与时间表。

我们做如下身份假定：

新入职员工，本科毕业，新媒体行业从业者。

①目标愿景：确定短期目标（熟悉公司进度，了解公司发展规划，尝试使用剪映等剪辑软件）、确定长期目标（了解行业发展，争取成为公司的IP之一）。

②状态分析：目前职位（实习生）、职责（短视频分发）、个人优势（擅长脚本创作）、发展需改进的领域（尝试在视频剪辑方向做出成绩）。

③学习与成长计划：学习新技能与知识（学习剪映、PR等剪辑教程）、参加培训（进行深度学习）、发展计划（在两个月内熟练使用剪辑软件并做出成品）。

④与公司发展目标对接：工作规划（从文员实习生转为视频剪辑师）、与公司发展目标的关联（帮助公司一起打造短视频网红）。

⑤总结与执行：工作规划总结（建立短期计划和长期计划）、具体执行步骤与时间表（一个月内了解剪辑软件、两个月内熟练使用剪辑软件、三个月内做出成品、三年内成为公司的骨干分子）。

10 对文心一言输入如下内容。

按照上述工作规划公式及填充的关键信息，帮我写一份翔实的工作规划，要求有具体的时间线，且满足其职场规划的五个步骤。

文心一言输出如下。

工作规划

一、目标愿景

短期目标（1～3个月）

熟悉公司业务流程和文化。

了解公司发展规划和战略方向。

掌握剪映等视频剪辑软件的基础操作。

中期目标（4～6个月）

深入了解新媒体行业的发展趋势和动态。

提升自身专业技能，能够独立完成短视频的创作和运营工作。

在行业内建立一定的人脉和影响力。

长期目标（7～12个月）

成为公司在新媒体行业的IP之一。

具备一定的行业影响力和话语权。

能够为公司在新媒体领域的发展做出重要贡献。

二、状态分析

目前职位：实习生。

职责：短视频分发。

个人优势：擅长脚本创作，有一定的文学功底和创意能力。

发展需改进的领域：视频剪辑技能，提升视频质量和效果。

三、学习与成长计划

学习新技能与知识（1～2个月）

学习剪映、PR等剪辑软件的使用方法。

了解视频剪辑的技巧和注意事项。

学习热门短视频的创作和运营方法。

参加培训（3～4个月）

参加公司组织的技能培训和专业课程。

积极参加行业内的线下或线上交流活动。

定期关注行业资讯和动态，保持学习和进步的态度。

发展计划（5～6个月）

能够独立完成视频剪辑工作，提升视频质量和效果。

尝试创作复杂的短视频作品，展示自身创意能力和技能水平。

在行业内建立一定的人脉和影响力，积极参与行业交流活动。

四、与公司发展目标对接

工作规划（7～12个月）：从文员实习生转为视频剪辑师，负责公司短视频的创作和运营工作，成为公司在新媒体领域的骨干分子。

与公司发展目标的关联：帮助公司打造短视频网红，提升公司在行业内的影响力和竞争力，实现公司的业务增长和发展目标。

五、总结与执行

工作规划总结：建立短期、中期和长期计划，明确自身在公司中的职责和发展方向，保持学习和进步的态度，不断提升自身能力和价值。

具体执行步骤与时间表：

（1）第 1 ～ 2 个月：学习剪映、PR 等剪辑软件的使用方法，了解视频剪辑的技巧和注意事项，学习热门短视频的创作和运营方法。参加公司组织的技能培训和专业课程。定期关注行业资讯和动态，保持学习和进步的态度。在一个月内了解剪辑软件的基本操作和功能，熟悉视频剪辑的基本流程和要求。在两个月内熟练掌握剪辑软件的使用方法，独立完成视频剪辑工作，并尝试创作简单的短视频作品。尝试在行业内建立一定的人脉和影响力。

（2）第 3 ～ 4 个月：参加公司组织的技能培训和专业课程。积极参加行业内的线下或线上交流活动。深入了解新媒体行业的发展趋势和动态。尝试创作复杂的短视频作品，展示自身创意能力和技能水平。在行业内建立一定的人脉和影响力，积极参与行业交流活动。能够独立完成简单的短视频作品。提升视频质量和效果。积极参与公司项目团队的工作，了解公司业务发展方向和目标。

注意： 上述工作规划是人工智能经过二次改写后的结果，中间笔者添加了一条新的调试指令：“对上述工作规划进行改写，要体现具体的时间段，且分步骤执行。”之所以做第二次调试，是因为第一次调试生成的文章没有条理性，也没有时间线层次划分。

3.4 利用讯飞星火认知大模型撰写部门工作规划，完成领导安排，打造优质团队

部门工作规划一般需要对接公司高层领导，但下达指令的一般是部门直接负责人，既然如此，我们需要考虑工作规划以何种口吻语气去写，以及应该注意哪些事项。

撰写部门工作规划有五个步骤，分别是：制定团队目标+制定绩效目标+团队协作与沟通+挑战与解决方案+总结与执行，如图 3.11 所示。

图 3.11　部门工作规划五个步骤

- 制定团队目标：包括但不限于团队当下阶段的项目、任务及未来需承担的项目等。
- 制定绩效目标：其特指团队定的KPI需要完成的对应指标，以及该指标下能够带来的实际利润等详细数据。
- 团队协作与沟通：完成某固定项目时，团队成员或跨团队之间如何沟通与协作？有没有备用方案？备用方案如何落地？
- 挑战与解决方案：团队当下阶段遇到的挑战，以及面对挑战做出来的解决方案。
- 总结与执行：对当下项目方案就内容做总结，并提供具体的执行方案。

我们做如下身份假定：

部门经理把公司下个月新媒体剪辑项目承包下来，要求作为员工的你写一份部门工作规划。

①制定团队目标：完成甲方公司分配的任务指标，对素材进行剪辑，并实现播放量 10W+。

②制定绩效目标：单条视频播放量突破 1000+。所有视频总播放量突破 10W+。最少做出 30 条视频，其中 10 条备用。

③团队协作与沟通：部门 4 位剪辑师合作剪辑，部门经理居中协调。

④挑战与解决方案：时间紧，任务重。员工承诺加班加点完成任务，工资补贴 1.2 倍。

⑤总结与执行：时间紧、任务重，团队需要齐心协力，完成目标。从 2023 年 7 月 27 日开始进行剪辑，2023 年 8 月 4 日完成任务。

对讯飞星火认知大模型输入如下内容。

按照上述部门工作规划公式及填充的关键信息，帮我写一份翔实的部门工作规划，要求有具体的时间线，且满足其部门规划的五个步骤。

讯飞星火认知大模型输出如下。

部门工作规划

一、制定团队目标

我们的团队目标是在公司分配的新媒体剪辑项目中，完成甲方公司的任务指标。我们将对素材进行剪辑，并努力实现播放量达到 10 万+。我们希望通过我们的努力，能够提高公司的品牌知名度和影响力。

二、制定绩效目标

为了达到我们的目标，我们需要设定以下绩效目标：

- 单条视频播放量突破 1000+：我们将通过精心的剪辑和创新的内容策略，确保每一条发布的视频都能吸引大量的观看者。

- 所有视频总播放量突破 10 万+：我们将通过持续发布高质量的视频，吸引更多的观众，从而提高我们的播放量。

- 做出最少 30 条视频，其中 10 条备用：我们将根据项目的需求和观众的反馈，定期更新和优化我们的内容库。

三、团队协作与沟通

我们的团队成员将紧密合作，共同完成这个项目。部门经理将在整个过程中起到协调和调节的作用，确保团队的工作顺利进行。我们将定期举行会议，讨论项目的进展和可能遇到的问题，以便及时找到解决方案。

四、挑战与解决方案

我们面临的主要挑战是时间紧，任务重。为了解决这个问题，我们承诺加班加点完成任务。对于参与这个项目的员工，我们将提供工资补贴 1.2 倍的激励，以鼓励大家全力以赴。

五、总结与执行

我们的项目将从 2023 年 7 月 27 日开始剪辑，预计在 2023 年 8 月 4 日完成任务。在这个过程中，我们需要每个成员的齐心协力，共同完成这个目标。我们相信，通过我们的努力，我们一定能够实现我们的目标，为公司带来更大的价值。

部门工作规划和员工培训计划的调试属于规则制定调试，讯飞星火认知大模型和 ChatGPT 性能更优越一些，内容梳理也更有条理性一些。

3.5 利用讯飞星火认知大模型拟订员工培训计划，助力老板分忧解难

讯飞星火认知大模型可用来拟订员工培训计划，本节比较特殊，无须对讯飞星火认知大模型进行数据投喂，可以直接让其拟订员工培训计划。

对讯飞星火认知大模型输入如下内容。

公司领导给我安排一个任务，要求我制订一份员工培训计划，请你帮我盘点员工培训计划中的几个关键点。

讯飞星火认知大模型输出如下。

员工培训计划中的几个关键点包括：

1. 目标与目的：明确员工培训的目标和目的，例如提升员工的技能水平、增强团队合作能力等。

2. 需求分析：对员工的现有技能和知识进行评估，确定他们需要哪些培训来满足工作要求和发展潜力。

3. 培训内容：根据需求分析，确定培训的具体内容，可以包括专业知识、技能训练、领导力发展等方面。

4. 培训方法：选择适合的培训方法，如课堂培训、外部讲座、工作坊、

在线学习等，确保培训方式能够满足员工的需求。

5. 培训资源：确定所需的培训资源，包括培训师、培训场地、培训材料等，并确保这些资源的可用性和充足性。

6. 培训计划：制订详细的培训计划，包括培训时间、地点、课程安排、培训师资等，以确保培训的顺利进行。

7. 培训评估：在培训结束后进行评估，收集员工的反馈和意见，了解培训效果，并根据评估结果进行改进和调整。

8. 持续支持：提供持续的支持和跟进，例如提供辅导、定期复习课程内容、组织交流活动等，以巩固员工的学习成果。

10 对讯飞星火认知大模型输出内容做微调，继续对讯飞星火认知大模型输入如下内容。

公司是一家新媒体公司，培训目标是把实习生培训成老员工，培训内容包括图文编撰、视频剪辑和短视频内容分发。培训形式为线下培训，培训时间为 2023 年 7 月 27 日到 8 月 3 日，培训地点为写字楼。培训师资为刘丙润老师，培训评估与反馈为最终的线下数据考核，符合指标则判定为培训通过，不符合指标则培训失败。培训预算为 1000 元。培训计划执行者刘丙润老师，培训效果由项目负责人王总做评估，并建立信息档案库。请针对上述信息补充员工培训计划。

讯飞星火认知大模型输出如下。

员工培训计划

培训目标：将实习生培训成老员工，提升图文编撰、视频剪辑和短视频内容分发的能力。

培训时间：2023 年 7 月 27 日到 8 月 3 日（共 8 天）

培训地点：写字楼

培训师资：刘丙润老师

培训形式：线下培训

培训内容：

1. 图文编撰：学习撰写不同类型的图文，包括新闻稿、报道、评论等，培养良好的写作能力和表达能力。

2. 视频剪辑：掌握视频剪辑的基本技能，包括剪辑软件的使用、剪辑技巧和效果处理等，能够制作高质量的视频内容。

3. 短视频内容分发：学习如何制作有吸引力的短视频内容，了解短视频平台的运营规则和推广策略，能够自主创作并发布优质短视频。

培训评估与反馈：最终通过线下数据考核来评估培训效果，符合指标则判定为培训通过，不符合指标则培训失败。同时，建立信息档案库以记录每个员工的培训情况和进展。

培训预算：1000 元（用于支付培训师资费用、场地租赁费、培训材料费等）。

培训计划执行者：刘丙润老师负责组织和协调整个培训过程，确保培训的顺利进行。

培训效果评估与反馈：由项目负责人王总进行评估，根据员工的综合表现和发展情况，对培训效果进行全面评估和反馈。同时，建立信息档案库以便后续跟踪和评估每位员工的绩效和发展需求。

⑩ 对讯飞星火认知大模型输出内容进行微调，输入以下信息。

请以列表的形式展示。

讯飞星火认知大模型输出如下。

员工培训计划

培训目标：将实习生培训成老员工，提升图文编撰、视频剪辑和短视频内容分发的能力。

培训时间：2023 年 7 月 27 日到 8 月 3 日（共 8 天）

培训地点：写字楼

培训师资：刘丙润老师

培训形式：线下培训

培训内容：

1. 图文编撰

- 学习撰写不同类型的图文，包括新闻稿、报道、评论等。

- 培养良好的写作能力和表达能力。

2. 视频剪辑

- 掌握视频剪辑的基本技能。
- 学习使用剪辑软件。
- 掌握剪辑技巧和效果处理。
- 能够制作高质量的视频内容。

3. 短视频内容分发

- 学习如何制作有吸引力的短视频内容。
- 了解短视频平台的运营规则和推广策略。
- 能够自主创作并发布优质短视频。

培训评估与反馈：

- 通过线下数据考核来评估培训效果。
- 符合指标则判定为培训通过，不符合指标则培训失败。
- 建立信息档案库以记录每个员工的培训情况和进展。

培训预算：1000 元（用于支付培训师资费用、场地租赁费、培训材料费等）。

培训计划执行者：刘丙润老师负责组织和协调整个培训过程，确保培训的顺利进行。

培训效果评估与反馈：由项目负责人王总进行评估，根据员工的综合表现和发展情况，对培训效果进行全面评估和反馈。同时，建立信息档案库以便后续跟踪和评估每位员工的绩效和发展需求。

注意： 使用讯飞星火认知大模型输出内容，要求其用表格或PPT展示时，讯飞星火认知大模型大概率会输出失败。为了让其输出的内容更清晰明朗，可采用另一个词语调试，输入关键词“列表”，其输出内容会相对更有层次感一些。但同时也有弊端，一些无关语气会被全部去掉，过于精简。此时可进行讯飞星火认知大模型的第三次调试，对每一点内容进行单独输入，而后单独扩充，效果最佳。

第 4 章

项目策划——讯飞星火认知大模型助你轻松成为项目高手

相比于工作规划，项目策划的内容更丰富，需要针对一个完整项目做出详细的规划和安排，包括但不限于接下来要讲到的 11 个关键要素，以及相关辅助资料和信息的检索收集。简言之，前面讲到的部门工作规划是团队的长期目标，而项目策划则用于具体的项目中，两者适用对象完全不同。项目策划的内容，我们统一用讯飞星火认知大模型来调试，其输出结果与我们所需诉求能够完美吻合。

4.1 项目策划的11个关键要素

一份完整的项目策划必须包括以下 11 个关键要素，缺一不可，一旦缺少，这份项目策划在项目对接时就会出现诸多问题，如图 4.1 所示。

要素一，项目概述。项目概述包括但不限于项目名称、项目背景、项目重要性、项目目标等内容，是一个项目的基础介绍。看完整项目策划前，扫一眼项目概述，就能明白项目的主要目标及核心目的。

要素二，项目目标。项目目标分为两种，一种可衡量，另一种不可衡量。可衡量的项目目标相对简单，比如某项目要实现 300 万元的净利润、

11%的成本利润或 27%的营销利润。不可衡量的项目目标，一般以具体的考核指标为主，比如要求员工实现突破、团队具备相应技能、企业发展观念等。可衡量的项目目标因为有明确的评价标准，所以很容易评判；而不可衡量目标往往最难办，如果遇到，则尽可能要在项目策划中展示预期成果。

要素三，项目计划。项目计划包括但不限于项目进度、资源安排、完整时间表、完整任务阶段及对应任务阶段中的关键活动、最终达成目标等。

要素四，管理模式。管理模式类似于一种机制，即团队与上下级的沟通机制，以及团队与项目之间的沟通机制，包括但不限于项目管理方式、项目遇到问题时的对话机制等。

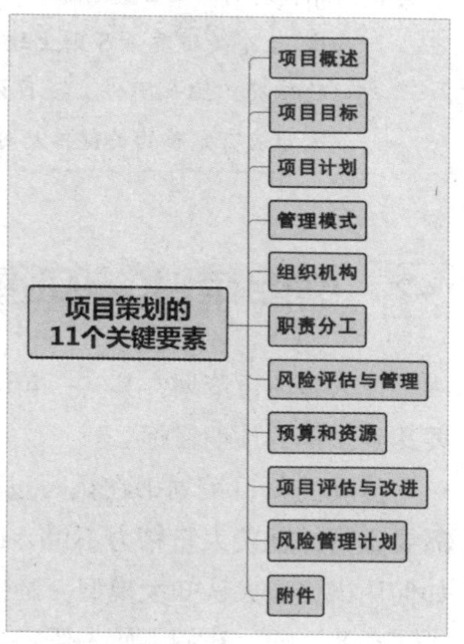

图 4.1　项目策划的 11 个关键要素

要素五，组织机构。包括项目团队主线、组织结构，对于团队中的成员及成员作用，也要给予简短介绍。

要素六，职责分工。既要包括项目团队成员的分工，同时也要落实责任制度，将责任制度划分为可操作执行的步骤，详细盘点，防止出现意外。

要素七，风险评估与管理。详细盘点整个项目可能遇到的风险挑战，同时针对对应的风险和挑战制定有效的应对策略。

要素八，预算和资源。对项目的完整预算及阶段预算做规划，同时匹配所需的资源，盘点最终资源和预算如何分配、利用，做一份详细计划。

要素九，项目评估与改进。项目进行过程中，要有详细的评估计划、评估标准，项目中对应的改进措施也要复盘到项目策划中。

要素十，风险管理计划。项目运作过程中，对可能遇到的风险制订管理计划，把风险监控和应对措施落到实处。

要素十一，附件。包括但不限于支持项目的文件资料、材料，比如背景资料、数据分析、结果等。

> **注意：**不同公司的项目策划标准不同，基本格式也有所区分，但无论如何变化，这 11 个关键要素原则上缺一不可。可能存在部分要素不重要或被忽视的情况，比如附件、项目评估与改进等，但在原则上一份完整的项目策划应有完整的关键信息对标，防止项目策划出现问题。

4.2 项目策划，讯飞星火认知大模型一键生成

什么是项目策划？其实一句话就可以概括——某人在某阶段做某事，要达到怎样的预期目标。

传统的项目策划书在撰写过程中耗时过多，只要稍不留意就有可能需要重写。耗费大量精力不说，还很容易出现出力不讨好的情况。那么，如何用讯飞星火认知大模型一键生成项目策划方案呢？

在此之前，我们不妨先假定一个项目——新产品推广项目，如图 4.2 所示。

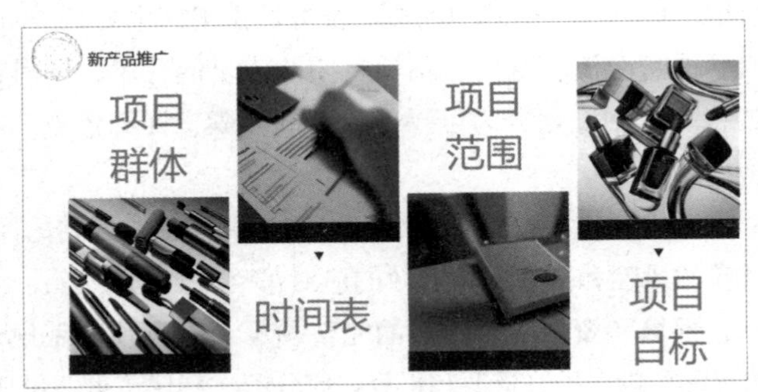

图 4.2　新产品推广

- 项目群体：公司销售部全体成员。
- 时间表：在产品发布前后 3 个月周期内展开推广活动，并持续监测效果。

- 项目范围：确定目标市场、竞争分析、制订推广策略和计划。
- 项目目标：推广公司新推出的打印机产品，提高市场份额和销售额。

我们现在假定公司推出新产品推广项目，把该项目和本节开头讲的一句话概括相结合，就不难发现：

- 人对标的是项目群体；
- 阶段对标的是时间表；
- 事对标的是项目范围；
- 达到的预期对标的是项目目标。

首先把新品推广项目中的关键词输入讯飞星火认知大模型，要求其根据关键词生成一份项目策划的大纲。

输入如下内容。

公司有一份新产品推广项目，在该项目中分别标记了项目群体、时间表、项目范围和项目目标，根据标记的这 4 点，帮我生成一份项目策划的大纲。

讯飞星火认知大模型输出内容如下。

项目策划大纲：

一、项目概述

1. 项目名称：公司新产品推广项目——打印机产品推广；

2. 项目目标：提高市场份额和销售额；

3. 项目周期：产品发布前后 3 个月周期内展开推广活动，并持续监测效果。

二、项目群体

本项目主要面向公司销售部全体成员。

三、时间表

1. 第一月：市场调研和竞争分析；

2. 第二月：制订推广策略和计划；

3. 第三月：实施推广活动；

4. 第四月：持续监测效果，调整推广策略。

四、项目范围

1. 确定目标市场：分析潜在客户群体，确定目标市场；

2. 竞争分析：分析竞争对手的产品特点、优势和劣势，为制定推广策略提供依据；

3. 制订推广策略和计划：根据市场调研结果，制订具体的推广策略和计划；

4. 推广活动实施：按照推广策略和计划，组织实施各项推广活动。

五、项目目标实现的关键指标

1. 市场份额提升幅度；

2. 销售额增长幅度；

3. 与竞争对手的差距缩小程度；

4. 推广活动的参与度和满意度。

因为讯飞星火认知大模型有上下文关联功能，所以接下来把对应的关键数据、关键指标及领导下发的任务要求等关键信息，按照上述内容进行填充，之后再要求其生成一份项目策划。

假定有一份领导给的文件，相关信息如下。（备注：以下内容是笔者编撰的内容，并不是真实情况。）

a. 项目名称：打印机 4.0 产品推广。

b. 项目群体：销售部门所有员工及产品研发部门的两位骨干。

c. 主要目标：推广公司新推出的打印机产品。

d. 具体目标：市场份额从现在的 0.5% 提升至 5% 以上。

e. 目标市场：所有高校打印机店均在推广范围内。

f. 竞争分析：市场存在三家竞争对手，分别是 A 品牌打印机，B 品牌打印机和 C 品牌打印机。

g. 推广策略和计划：短视频博主做推广 / 推销人员线下做推广 / 广告推广。

h. 预算：初期预算 5 万元，后续每推销成功 10 台打印机，预算增加 1 万元。

i. 项目启动时间：新品正式发布前三个月。

j. 里程碑和关键时间点：新品研发上市后的两个月。

k. 项目完成时间：新品研发后三个月。

l. 人力资源：销售部门由王副总带队，科研骨干由李主任带队。

m. 资金资源：项目初期预算直接由公司调拨，如项目利润可观，则直接从打印机的营销利润当中抽取部分提成，用于补充项目资金。

n. 技术资源：所有技术问题全部由李主任全权负责，销售部门无须干预。

o. 识别可能面临的风险：新品市场调研性不强，数据稳定性不高，性价比虽然极高，但很有可能会遭到客户投诉。

p. 风险管理计划：所有风险问题由销售人员 24 小时内对接并及时转交到科研骨干李主任那边，然后由科研团队配合解决问题，并将相关数据第一时间向上级汇报。

q. 项目评估：评估周期为 15 天。

r. 改进措施：前三个月，每一个评估周期都需比上一个评估周期的营销额提升 100%；第 1 个评估周期，销售打印机数量必须大于 2 台，一旦发现打印机销量不达标，扣除对应奖金，并在公司内部进行批评。

s. 沟通机制：团队通过企业微信群沟通方便协调，与客户则需要企业微信一对一沟通，防止客户资源流失。

t. 协调与合作：除销售部门、科研部门之外，公司其他部门必须第一时间配合。

u. 项目验收标准：打印机销量须大于 300 台，且差评率须低于 1%。

v. 交付物：以 PPT 形式做项目汇报。

⑩ 做好上述内容的补充之后，对讯飞星火认知大模型做内容调试，输入如下内容。

我对项目策划大纲做了详细补充，现要求你针对该详细补充设计一份详细、完善且具备可执行性的项目策划。

讯飞星火认知大模型输出内容如下。

项目策划大纲

一、项目概述

1. 项目名称：打印机 4.0 产品推广。

2. 项目目标：推广公司新推出的打印机产品，提高市场份额和销售额。

3. 项目周期：新品正式发布前三个月。

4. 项目群体：销售部门所有员工及产品研发部门的两位骨干。

二、具体目标

1. 市场份额从现在的 0.5% 提升至 5% 以上。

2. 目标市场：所有高校打印机店均在推广范围内。

3. 推广策略和计划：短视频博主做推广 / 推销人员线下做推广 / 广告推广。

4. 预算：初期预算 5 万元，后续每推销成功 10 台打印机，预算增加 1 万元。

三、竞争分析

市场存在三家竞争对手，分别是 A品牌打印机、B品牌打印机和C品牌打印机。与竞争对手相比，我们的打印机产品具有更加高效、便捷的操作性和更高的性价比，同时我们也提供更加完善的售后服务，能够更好地满足客户的需求。

四、推广策略和计划

1. 短视频博主做推广：我们将邀请一些影响力较大的短视频博主进行推广，通过他们的影响力来提高我们产品的知名度和美誉度。

2. 推销人员线下做推广：我们将组织一些推销人员前往高校打印机店等目标市场，向他们介绍我们的产品特点并提供优惠促销，以吸引更多的客户购买我们的产品。

3. 广告推广：我们将通过线上和线下的广告宣传来扩大我们产品的知名度和影响力，包括在搜索引擎上投放广告、在电视媒体上播放广告，以及在各大社交媒体平台上发布广告等。

五、人力资源和资金资源

1. 项目由王副总带队，科研骨干由李主任带队。

2. 项目初期预算直接由公司调拨，如项目利润可观，则直接从打印机的营销利润当中抽取部分提成，用于补充项目资金。为确保项目的顺利实施，我们将为项目团队提供必要的人力和物力支持。

六、技术资源和沟通机制

1. 所有技术问题全部由李主任全权负责，销售部门无须干预。

2. 团队通过企业微信群沟通方面协调，与客户则需要企业微信一对一沟通，防止客户资源流失。为确保项目的顺利推进，我们将确保所有团队成员都能够及时了解项目的进展情况，并在必要时进行相应的调整。

七、风险识别和管理计划

1. 新品市场调研性不强，数据稳定性不高，性价比虽然极高，但很有可能会遭到客户投诉。

2. 针对以上风险，我们将建立完善的反馈机制，及时处理客户的投诉和意见反馈，并有针对性地进行改进和优化。同时，我们也将持续加强市场调研工作，不断完善产品的性能和性价比，以提高客户的满意度和忠诚度。

八、项目评估和改进措施

1. 评估周期为 15 天。

2. 前三个月每一个评估周期都需比上一评估周期的营销额提升 100%，第1个评估周期，销售打印机数量必须大于2台，一旦发现打印机销量不达标，扣除对应奖金，并在公司内部批评。同时，我们将根据每个评估周期的实际情况进行总结和反思，不断优化推广策略和计划，以确保项目的顺利实施和达成预期目标。

九、协调与合作和交付物

1. 除销售部科研部门之外，公司其他部门必须第一时间配合。

2. 以PPT形式做项目汇报。为确保项目的顺利实施和达到预期效果，我们将积极与其他部门进行协调与合作，充分发挥各部门的优势和资源，共同推动项目的成功实施。最终，我们将通过PPT等形式向公司领导层进行全面的项目汇报，以展示项目的成果和效果。

[!] 注意： 无论是讯飞星火认知大模型，还是其他人工智能模型，其输出内容的总字数是有限制的。这就意味着即便我们要求其做详细调试，其输出的依然是极度精简的内容。所以我们需要对项目策划逐条进行补充设计，尤其是当甲方或公司领导对项目策划有字数要求的时候。

因为本书的章节有限，不可能写出几万字进行详细展示。我们以人工智能生成的“推广策略和计划”为例，要求其做内容填充。

输入如下内容。

请对上述项目策划中第四点“推广策略和计划”做详细补充，要求有具体的营销方案。

讯飞星火认知大模型输出如下。

四、推广策略和计划

1. 短视频博主做推广

与知名短视频博主合作，让他们使用我们的产品并分享他们的使用体验。我们将提供一些免费的产品给他们使用，并在视频中重点强调我们的产品特点和优势，以及他们对我们产品的推荐理由。此外，我们还可以与博主进行合作，让他们参与我们的营销活动，例如举办抽奖活动等，以进一步提高我们产品的知名度和美誉度。

2. 推销人员线下做推广

我们将组织一些专业的推销人员前往高校打印机店等目标市场，向他们介绍我们的产品特点并提供优惠促销，以吸引更多的客户购买我们的产品。我们将根据不同的客户需求，提供个性化的推销方案，例如针对学生客户可以推出特别的优惠套餐，针对企业客户可以提供更全面的售后服务，等等。

3. 广告推广

（1）搜索引擎广告：我们将在百度、谷歌等搜索引擎上投放关键词广告，以提高我们产品的搜索排名，增加曝光率和点击率。

（2）电视媒体广告：我们将选择在一些热门电视节目中播放广告，以吸引更多的目标客户。

（3）社交媒体广告：我们将在不同的社交媒体平台上发布广告，例如微博、微信朋友圈等，以扩大我们产品的知名度和影响力。

以上是我们的推广策略和计划，通过多方面的宣传和推广手段，我们相信能够有效提高我们产品的市场份额和销售额。

我们可以继续添加关键因子，比如在短视频博主推广过程中，邀请赵、钱、孙、李四位优秀的短视频博主做内容推广，同时在抖音、快手等平台投放流量，以此来实现线上交易。

对讯飞星火认知大模型输入如下内容。

详细补充推广策略和计划中关于短视频博主推广的内容，邀请赵、钱、孙、李四位优秀短视频博主做内容推广，在抖音、快手等平台付费投放流量。

讯飞星火认知大模型输出如下。

四、推广策略和计划

1. 短视频博主做推广

（1）邀请赵、钱、孙、李四位优秀短视频博主做内容推广：我们将邀请 4 位粉丝数量较多且具有影响力的短视频博主，让他们使用我们的产品并分享他们的使用体验。我们将提供一些免费的产品给他们使用，并在视频中重点强调我们的产品特点和优势，以及他们对我们产品的推荐理由。

（2）在抖音、快手等平台付费投放流量：我们将根据不同的营销目标和预算，在抖音、快手等平台进行付费流量投放。针对不同的博主风格和受众群体，我们将制定不同的投放方案，以确保我们的广告能够被更多的目标用户看到。

2. 推销人员线下做推广

除了与短视频博主合作外，我们也将组织一些专业的推销人员前往高校打印机店等目标市场，向他们介绍我们的产品特点并提供优惠促销，以吸引更多的客户购买我们的产品。我们将根据不同的客户需求，提供个性化的推销方案，例如针对学生客户可以推出特别的优惠套餐，针对企业客户可以提供更全面的售后服务，等等。

3. 广告推广

除以上措施外，我们还将采取以下措施扩大我们产品的知名度和影响力。

（1）搜索引擎广告：我们将在百度、谷歌等搜索引擎上投放关键词广告，以提高我们产品的搜索排名，增加曝光率和点击率。

（2）电视媒体广告：我们将选择在一些热门电视节目中播放广告，以吸引更多的目标客户。

（3）社交媒体广告：我们将在不同的社交媒体平台上发布广告，例如微博、微信朋友圈等，以扩大我们产品的知名度和影响力。

通过以上推广策略和计划，我们相信能够有效提高我们产品的市场份额和销售额。

注意： 在人工智能生成项目策划的过程中，更倾向于进行精简化叙述。而我们需要针对人工智能精简的每一个步骤进行二次提问，甚至三次提问，在提问的过程中不断填充已知的关键信息，要求其针对关键信息做内容填充。

4.3 用讯飞星火认知大模型拆解项目目标，让领导满意，让甲方安心

a. 主要目标：推广公司新推出的打印机产品，提高市场份额和销售额。

b. 具体目标：列出具体要实现的目标和指标，如销售额增长率、市场份额提升等。

这是上一节讯飞星火认知大模型自动形成的项目目标，把该项目目标重新写成一个具体可执行的目标，然后利用AI拆解项目目标。需要注意的是，在拆解项目目标的时候，一定要遵循以下五大指标，如图 4.3 所示。

图 4.3 项目目标五大指标

- 可行性：必须确保项目目标是可行的，在预期时间内能够完全实现或部分实现，一定要规避设定过于理想或过于不切实际的目标。
- 优先级：一个项目不单单只是一个项目，在项目运作过程中，必然触及多人、多团队或多部门之间的协调配合，拥有更高的优先级会享有更高权限，这些必须写在书面上。
- 明确性：要确保项目目标明确，并且目标可量化，一定要规避模糊词汇，比如大概、预估、差不多、左右，要使用具体的数字或指标。

- 可量化性：项目目标达到某一阶段后带来的收益、影响、价值等，一定要通过可量化的数据及完整复盘的案例向领导展示。
- 激励性：项目目标具备挑战的同时也应拥有足够的激励，目的是激励项目团队克服困难、发挥潜力，这是公司给予的正向反馈。

在拆解项目目标之前，对五大指标进行关键词输入，具体如下。

- 可行性：为确保项目目标，销售部和研发部同步跟进，在 6 个月内实现销售指标，且需要稳步前行。
- 优先级：将打印机品牌市场份额提升至 5% 以上设为主要目标，销售部门获得最高权限优先级。
- 明确性：邀请“赵钱孙李”四位短视频博主做市场宣传，设计推销人员、确定线下推广方案、制订广告推广计划。
- 可量化性：打印机销量提高至 20 倍以上，销售额增长率达到 20% 以上，市场影响力提升到国内前 10 名。
- 激励性：在评估周期内完成指标，可获得利润提成，最高提成上限不超过总利润的 10%；若评估周期内销售目标不达标，则扣除奖金，并在公司内部批评。

10 完成关键词填充后，对讯飞星火认知大模型输入如下内容。

根据上述五大指标，对打印机销售项目进行拆解。

讯飞星火认知大模型输出如下。

打印机销售项目拆解：

1. 可行性

- 设定明确的销售目标和时间期限，确保团队跟进；
- 定期评估市场情况，及时调整销售策略。

2. 优先级

- 将品牌市场份额提升至 5% 以上作为主要目标；
- 分配足够的资源和权限支持该目标的实现。

3. 明确性

- 邀请“赵钱孙李”四位短视频博主做市场宣传，提高品牌知名度；

- 设计推销人员、线下推广、广告推广等多种营销手段，吸引潜在客户。

4. 可量化性

- 在 6 个月内实现打印机销量提高至 20 倍以上的目标；
- 销售额增长率达到 20% 以上；
- 将市场影响力提升到国内前 10 名。

5. 激励性

- 根据完成指标的情况，给予利润提成机制；
- 最高提成上限不超过总利润的 10%；
- 若评估周期内销售目标不达标，则扣除奖金并在公司内部批评。

10 讯飞星火认知大模型生成相关内容后，可对某些具体的关键细节做调整，比如激励性中的总利润 10% 用于员工奖励，领导可能认为有漏洞，准备设置成阶梯性，所以对其进行二次输入。

单独调试上述五大指标当中的激励性，团队成员个人不能拿超过项目总利润的 2%，团队所有成员不能拿超过项目总利润的 10%，且设计阶梯性的激励指标。

讯飞星火认知大模型输出如下。

针对五大指标中的激励性，可以设计阶梯性的激励指标，使团队成员能够根据个人的贡献程度获得不同的激励，同时也要考虑到整个团队的利益。具体方案如下：

1. 个人激励方案

（1）项目总利润的 2% 为个人激励的最高限额，即团队成员个人在项目中获得的利润提成不得超过项目总利润的 2%。

（2）根据个人贡献程度，将成员分为三个等级，分别为优秀、良好和一般。优秀的成员可得到项目总利润的 3% ～ 4% 的提成，良好的成员可得到项目总利润的 2% ～ 3% 的提成，一般的成员可得到项目总利润的 1% ～ 2% 的提成。

（3）在每个评估周期结束后，根据成员的个人表现以及项目整体表现评定其所处的等级，并根据等级给予相应的提成奖励。

2. 团队激励方案

（1）项目总利润的 10% 为团队激励的最高限额，即团队所有成员在项目中获得的利润提成不得超过项目总利润的 10%。

（2）根据团队表现和整体贡献程度，将团队分为三个等级，分别为优秀、良好和一般。优秀的团队可获得项目总利润的 5% ～ 6% 的提成，良好的团队可获得项目总利润的 3% ～ 4% 的提成，一般的团队可获得项目总利润的 1% ～ 2% 的提成。

（3）在每个评估周期结束后，根据团队的整体表现评定其所处的等级，并根据等级给予相应的提成奖励。

以上方案中，阶梯性的激励指标可以激发团队成员的积极性和创造性，同时也能够保证团队整体利益最大化。

设置阶梯性的激励指标，鼓励团队成员在项目推进过程中不断努力，逐步实现销售目标的提升。同时，保证个人激励和团队整体激励的上限不超过项目总利润的 2% 和 10%，以确保项目的盈利性。这样的激励方案能够激发团队的积极性，促进销售业绩的提升，同时保持项目的可持续发展。

4.4 用讯飞星火认知大模型一键生成风险评估，省时省力又省心

任何一个项目只要存在就必然有风险，做完项目策划后，也必然要对项目做风险评估，这是最基础的工作，而项目风险评估的尺度成为重中之重。为了找到其中的平衡点，在利用讯飞星火认知大模型生成风险评估时必须从以下 4 个方面考虑，分别是风险概率、应对措施、优先级、透明度，如图 4.4 所示。

图 4.4 风险评估需要考虑的 4 个方面

- 风险概率：对项目的每个风险概率和影响做评估，确定其发生概率及可能带来的影响。

- 应对措施：针对每个风险提出具体的解决措施和防御措施，以及该防御应对措施能够降低多大的风险概率。

- 优先级：在所有的风险中，对最重要最核心的风险进行优先级排序，及时把控。

- 透明度：项目出现问题后汇报制度如何？是逐级汇报还是直接递交给老板？这涉及透明度问题，领导层或甲方需对整个项目全盘考量和把控。

以先前项目策划为样板，补充关键信息如下。

- 风险概率：打印机销售业绩不达标概率在 30% 左右，在推销过程中打印机出现问题的概率在 5% 左右。

- 应对措施：采取激励政策，鼓励员工自行销售，联系原有老客户，争取实现点对点销售。产品出现问题，直接找科研攻关小组，实现点对点解决。

- 优先级：打印机在推销或使用过程中出现问题，优先级排序第一，科研攻关小组必须随叫随到，以服务好老客户，打造好口碑。

- 透明度：每两周向公司领导递交一次数据，对打印机现有的销售业绩、销售指标做项目复盘。

对讯飞星火认知大模型输入如下内容。

我需要对这个项目进行风险评估，请根据我提供的关键信息，分别从风险概率、应对措施、优先级、透明度 4 个角度做评估。

讯飞星火认知大模型输出如下。

风险概率：

1. 打印机销售业绩不达标概率在 30% 左右。这意味着，如果团队无法达到预期的销售业绩，可能会影响整个项目的推进和利润实现。

2. 在推销过程中打印机出现问题的概率在 5% 左右。这意味着，一旦出现打印机故障或问题，可能会导致推销受阻或客户不满，对项目造成不利影响。

应对措施：

1. 采取激励政策，鼓励员工自行销售，联系原有老客户，争取实现点对点销售。这将有助于提高销量和利润实现。

2. 如果产品出现问题，直接找科研攻关小组，实现点对点解决。这样可以保证打印机的质量和可靠性，提高客户满意度和忠诚度。

优先级：

1. 打印机在推销或使用过程中出现问题的优先级排序第一。这是因为打印机的问题可能会直接影响销售业绩和客户满意度，必须及时解决。

2. 科研攻关小组必须随叫随到，以服务好老客户，打造好口碑。这可以确保客户的满意度和忠诚度，同时提高口碑和品牌影响力。

透明度：

每两周向公司领导递交一次数据，对打印机现有的销售业绩、销售指标做项目复盘。这可以提高项目管理的透明度和有效性，及时发现问题并进行调整和改进。

4.5 用讯飞星火认知大模型进行数据资料拆解，生成强有力的辅助资料

利用讯飞星火认知大模型做数据资料拆解，涉及一个问题：现阶段的人工智能大模型，在生成相关数据的过程中不能形成良好的检索渠道，甚至当其检索不到关键信息时，会采用“瞎蒙”战术，让用户无法分辨真伪。

我们要做的是给人工智能提供官方的准确数据，要求其做数据分析，而不是要求人工智能在全网检索，因为检索出的数据未必真实，尤其是在项目策划中提供虚假数据且出现问题时，我们是第一责任人。

那么，讯飞星火认知大模型从哪些方面做数据资料拆解？笔者总结了三点，分别是：专业报告收集、未来趋势预测、数据解读应用，如图 4.5 所示。

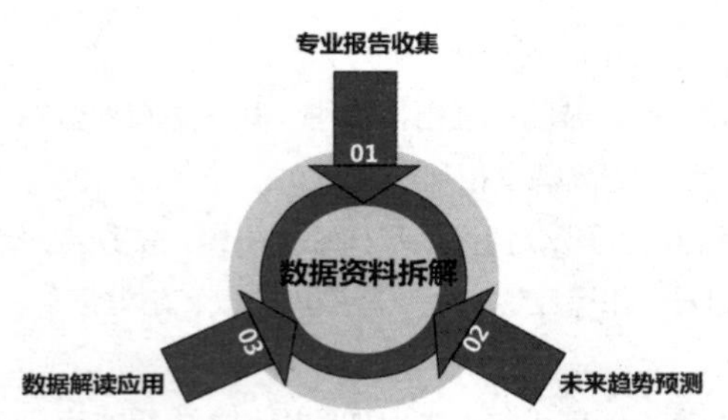

图 4.5　数据资料拆解

- 专业报告收集：确保收集的数据来源可靠、准确，且与项目目标需求相符合。数据来源可以是公司内部的数据库报告，也可以是行业调查或公开数据，但必须做到绝对准确。
- 未来趋势预测：收集整理完原有数据后，要对当下阶段的趋势做分析预测，帮助领导了解项目的未来走向，把握机遇与挑战。
- 数据解读应用：做完预测后对数据进行详细解读，呈现在项目策划中，并应用在项目上。

因为人工智能无法在互联网上检索到关键核心数据指标，而本书也只是教学如何撰写项目策划，并非真的要为打印机做市场推广，所以随机检索三条关键信息如下。

根据鲸参谋平台的数据统计，2022 年京东平台打印机的年度总销量超 716 万件，同比去年增长 14.3%。

京东平台打印机 2022 年的年度销售额累计超 60 亿元，同比去年增长 13.2%。

2022 年在打印机领域惠普品牌整体销售成绩位列第一，全年总销量超 229 万件，总销售额超 25 亿元。

[!] 注意： 上述信息统一来自鲸参谋平台的数据统计，我们提取对应数据并不是为了推荐或诋毁某品牌，只是为大家讲解如何用讯飞星火认知大模型进行数据资料拆解。

未来趋势预测：打印机未来会逐渐过渡到小型家用打印机，家庭必备打印机成为发展趋势之一，而高校、写字楼等场所，对大型打印机的需

求也日益增加。

数据解读应用：我们本次销售指标是销售大型打印机，但是未来公司可以研发一些小型打印机增加公司业绩，同时打造更好的口碑，让用户有更多选择。

对讯飞星火认知大模型输入如下内容。

请根据上述信息，帮我单独做一份项目策划的数据辅助资料，并做好未来趋势预测和数据解读。

讯飞星火认知大模型输出如下。

项目策划的数据辅助资料：

1. 2022 年京东平台打印机销售数据

- 年度总销量：超过 716 万件，同比增长 14.3%。

- 年度销售额：超过 60 亿元，同比增长 13.2%。

2. 打印机品牌销售情况

- 惠普品牌：全年总销量超过 229 万件，总销售额超过 25 亿元，位列第一。

- 其他品牌销售情况详见鲸参谋平台数据统计。

未来趋势预测：

1. 小型家用打印机成为发展趋势之一

随着人们对打印需求的多样化和个性化，家庭必备打印机成为发展趋势之一。未来，小型家用打印机将逐渐取代传统的大型商用打印机，成为市场的主流产品。

2. 高校、写字楼等场所对大型打印机的需求日益增加

高校、写字楼等场所需要频繁进行文件打印，因此对大型打印机的需求也日益增加。未来这些场所将继续成为大型打印机的主要消费群体。

数据解读应用：

本次销售指标是销售大型打印机，但是未来公司可以研发一些小型打印机增加公司业绩，同时打造更好的口碑，让用户有更多选择。根据京东平台的销售数据可以看出，小型家用打印机的市场需求正在不断增加。因此，公

司可以在产品研发方面加强小型打印机的研发和推广，以满足不同用户的需求，提高公司的市场占有率和盈利能力。

注意： 上述人工智能调试生成的相关数据并不全面，理论上我们需要收集多家品牌打印机销量及销售额（最好收集市场上前 10 家甚至更多家打印机销量数据），然后再对人工智能做数据调试。但因为章节和字数限制，所以这一部分内容我们不额外补充了，大家可以自行调试。

第 5 章

项目复盘——用文心一言积累经验打造共识

使用文心一言做项目策划取得卓越成效时，接下来就需要进行项目复盘。而一旦我们使用文心一言做项目复盘，就会发现它比手工做项目复盘要高效得多，因为项目复盘纯粹是以结果为导向的。

一个项目完成后如何做复盘？总结吸取经验、积累过往荣誉变得至关重要，既需要把荣誉面彰显出来，同时也要对项目中遇到的问题做复盘总结，更好地应用于下一个项目中。

在本章当中除 5.3 节的成果分析适用于文心一言外，其余小节用文心一言与讯飞星火认知大模型的调试结果相差不大。为了保证本章节内容的统一性，我们直接用文心一言进行内容调试。

5.1 项目复盘七大要素，缺一不可

一个完整的项目复盘至少要有七大要素，分别是：项目目标与成果回顾、项目计划和进度回顾、资源利用与预算回顾、团队协作与沟通回顾、问题与挑战分析、风险评估与管理回顾、项目决策与复盘结果，如图 5.1 所示。

图 5.1 项目复盘七大要素

下面依次分析这七大要素究竟包括什么。

● 项目目标与成果回顾：需要先回顾项目开始时设定的目标、当时的预期成果、评估实际达成的成果，然后分析目标是否达成。如达成，是超越原定目标还是刚好达到原定目标？如未达成，距离原定目标的差值是多少？

● 项目计划和进度回顾：需要先回顾项目开始时设定的计划，按照项目实际的进度情况反推项目计划是否达到标准。分析项目进度是提前、滞后还是刚好，而后分析提前或滞后的原因。

● 资源利用与预算回顾：需要先回顾项目开始时设定的所需资源，按照项目实际的资源损耗反推资源是否达到利用的合理标准，是刚好符合合理标准，还是存在浪费或资源消耗不如之前预期的情况？再分析资源消耗、预算消耗的超支或结余的具体原因。

● 团队协作与沟通回顾：需要先回顾项目开始时搭建的团队部门，是只有营销部门或某一部门单独服务，还是一个部门在前其余部门跟进？团队协作以怎样的协作方式推动项目发展？然后再分析团队协作过程中是否存在恶性竞争或良性竞争，是否存在通力合作或恶意拆台的情况。最后分析团队协作或沟通过程中存在的种种问题、弊端和优势。

● 问题与挑战分析：项目运作过程中遇到了哪些问题？经历了怎样的挑战？面对这些问题和挑战是如何应对的，是积极应对还是消极怠工？解决问题或挑战后，给公司原有项目带来了利润还是损失？这些问题在项目运作过程中产生了哪些正面或负面的影响？

● 风险评估与管理回顾：需要回顾整个项目中的风险评估和管理计

划的有效性，评估现阶段已有风险的应对措施的效果，为接下来的项目执行做好项目复盘。

- 项目决策与复盘结果：回顾整个项目中所做出的决策的合理性、有效性，总结项目经验，提出改进意见和建议，并得出一份完整的项目复盘报告。

5.2 项目复盘，文心一言一键生成

在了解项目复盘七大要素后，可以总结出项目复盘的公示栏，公示内容具体如下。

（1）项目目标与成果回顾：目标达成情况、目标达成与否的原因。

（2）项目计划和进度回顾：计划与实际进展对比、进度延迟或提前的原因。

（3）资源利用与预算回顾：资源使用情况、预算执行情况。

（4）团队协作与沟通回顾：团队协作效率评估、沟通效果评估。

（5）问题与挑战分析：问题产生的原因、问题对项目的影响。

（6）风险评估与管理回顾：风险评估与管理有效性、风险应对措施的效果。

（7）项目决策与复盘结果：项目决策合理性评估、改进意见和建议、复盘结果沟通和反馈。

为了便于大家理解，这里直接用第 4 章项目策划相关内容的关键数据来实现项目复盘，先设定如下几个情景假设。

主要目标：推广公司新推出的打印机产品。

具体目标：

1. 将市场份额从现在的 0.5% 提升至 5% 以上；

2. 打印机销量须大于 300 台；

3. 差评率须低于 1%。

上述为项目的主要目标和具体目标，对其进行补充，且假定项目结

束后的关键信息如下。

1. 项目目标与成果回顾

打印机的销量为 476 台，差评率为 2%，市场份额占到 7.3%，达到预期并超额完成任务。

2. 项目计划和进度回顾

打印机上市第 1 个月就实现了 200 台打印机的销量，销售部小李动用手中资源，实现了打印机个人销售占比 75%的光荣业绩。

3. 资源利用与预算回顾

原始投资为 5 万元，每推销成功 10 台打印机，额外增加 1 万元的投资，财务部门以初期打印机销量过高为由，拒绝追加投资，导致预算低于预期，打印机销量也持续走低。

4. 团队协作与沟通回顾

销售部门通力合作，超额完成指标，但财务部门不调拨预算，最后两个月的打印机销量趋近于 0，基本无任何有效沟通。

5. 问题与挑战分析

销售部门和财务部门无任何沟通渠道，虽然受到了科研攻关小组及相关部门的鼎力支持，但财务部门在调拨预算时严重影响了销售部门的积极性。

此外，科研攻关小组在初次调试打印机时也出现诸多问题，没有守住差评率 1%的红线。

6. 风险评估与管理回顾

项目执行方向没有问题，初期打印机推进市场也没有问题，但财务部门的不作为严重影响了后期推广。

7. 项目决策与复盘结果

销售与财务部门属于两个平行岗位，必须由公司更高一级的管理人员从中调度，否则在项目推动过程当中可能会遇到诸多问题，此次打印机销售虽然完成指标，但明显不如预期。

填充完关键信息后，对文心一言进行调试，输入如下内容。

请根据上述信息，帮我做一份项目复盘，且需要有以上七大要素。

文心一言输出如下。

项目复盘

一、项目目标与成果回顾

主要目标：推广公司新推出的打印机产品。

具体目标

a. 将市场份额从现在的 0.5% 提升至 5% 以上。实际达到 7.3%。

b. 打印机销量须大于 300 台。实际销量为 476 台。

c. 差评率须低于 1%。实际差评率为 2%。

从结果来看，打印机销量和市场份额都超过了预期目标，但差评率没有达标。

二、项目计划和进度回顾

项目计划：推广新打印机，提升市场份额，控制差评率。

实际进度：打印机上市第 1 个月实现了 200 台销量，但随后两个月销量趋近于 0。

三、资源利用与预算回顾

资源计划：初始投资 5 万元，每增加 10 台销量增加 1 万元投资。

实际利用：初期销量过高，但财务部门拒绝追加投资，导致预算低于预期。

四、团队协作与沟通回顾

团队协作：销售部门超额完成指标，但财务部门不调拨预算，最后两个月销量趋近于 0。

沟通情况：销售部门和财务部门无任何沟通渠道，科研攻关小组及相关部门提供了支持。

五、问题与挑战分析

问题：销售部门和财务部门沟通不畅，财务部门影响销售部门积极性，科研攻关小组初次调试打印机出现问题。

挑战：如何协调销售部门和财务部门的关系，提高打印机的质量和用户满意度?

六、风险评估与管理回顾

风险评估：财务部门的不作为可能影响到项目推广。

风险管理：需要公司更高一级的管理人员从中调度，协调销售部门和财务部门的关系。

七、项目决策与复盘结果

项目决策：推广新打印机，提升市场份额，控制差评率。

复盘结果：虽然完成了销量和市场份额的目标，但财务部门的不作为影响了项目推广效果，需要加强部门间的沟通和协作。同时，需要提高打印机的质量和用户满意度，降低差评率。

⑩ 调试后，我们进行文心一言二次调试，输入如下内容。

继续填充上述项目复盘内容要求，添加后续整改意见和解决办法。

文心一言输出如下。

针对上述项目复盘内容，以下是后续整改意见和解决办法：

一、加强部门间的沟通和协作

建立有效的沟通机制：在项目开始前，需要明确各个部门的职责和分工，建立有效的沟通机制。可以设立专门的项目组或者指定专门的沟通协调人员，确保信息的及时传递和问题的及时解决。

加强团队建设：通过团队建设活动，增强部门间的合作意识和信任感，提高协作效率。可以组织一些团队建设活动，如户外拓展、聚餐等，加强部门间的交流和沟通。

建立定期汇报制度：建立定期汇报制度，让各个部门了解项目进展情况和问题，及时采取措施解决。可以每周或每月召开项目进展会议，让各个部门汇报工作进展和遇到的问题，共同研究解决方案。

二、提高打印机的质量和用户满意度

加强产品质量控制：在生产环节加强质量控制，确保打印机的稳定性和可靠性。可以引入质量管理体系，对生产环节进行全面监控和管理。

改进产品设计：根据用户反馈和市场需求，对产品设计进行优化和改进，提高用户体验。可以进行用户调研和市场分析，了解用户需求和市场趋势，对产品进行改进和优化。

提供优质的售后服务：建立完善的售后服务体系，为用户提供优质的售后服务。可以设立专门的售后服务部门，提供技术支持和维修服务，解决用户在使用过程中遇到的问题。

三、加强项目管理和风险控制

完善项目管理流程：完善项目管理流程，确保项目的顺利进行。可以引入项目管理软件或者制定项目管理手册，对项目管理流程进行全面规划和管理。

加强风险控制：对项目中可能出现的风险进行预测和控制，避免项目出现问题。可以进行风险评估和风险管理计划，对项目中可能出现的风险进行预测和控制。

建立应急预案：建立应急预案，对项目中可能出现的问题进行及时处理和解决。可以制定应急预案手册，对项目中可能出现的问题进行分类和制定相应的解决方案。

通过以上整改意见和解决办法的实施，可以进一步加强部门间的沟通和协作，提高打印机的质量和用户满意度，加强项目管理和风险控制，确保项目的顺利进行和目标的顺利实现。

之前我们讲过：文心一言在输出相关信息时，出于字数限制的考量会精简内容，所以文心一言生成的这份项目复盘只能做大纲。

接下来对文心一言项目复盘中的三个关键因子分阶段进行拆解，分别是：利用文心一言拆解项目目标与成果回顾、拆解问题与挑战分析、拆解项目决策与复盘结果。

5.3　利用文心一言拆解项目目标与成果回顾

一份完整的项目复盘中，拆解项目目标与成果回顾不单单考虑项目目标及项目的最终运转情况，还要考虑五大关键指标，分别是阐述目标、阐述成果、分析目标是否达成、评定业务价值、认可团队贡献，如图 5.2 所示。

在进行更进一步的内容调试之前，我们要复盘一整套项目目标与成果回顾公式，内容如下。

● 阐述目标：明确项目初始的目标，以简明扼要的语言再次陈述一遍，确保目标具备可量化性和可衡量性，在后续项目复盘中可形成明显比对，一目了然。

● 阐述成果：项目结束后实际达成的成果，包括但不限于项目交付业务及其他实际成果。详细说明这些成果对公司、团队的意义和价值，同时让领导明白项目对整体业务的巨大贡献。

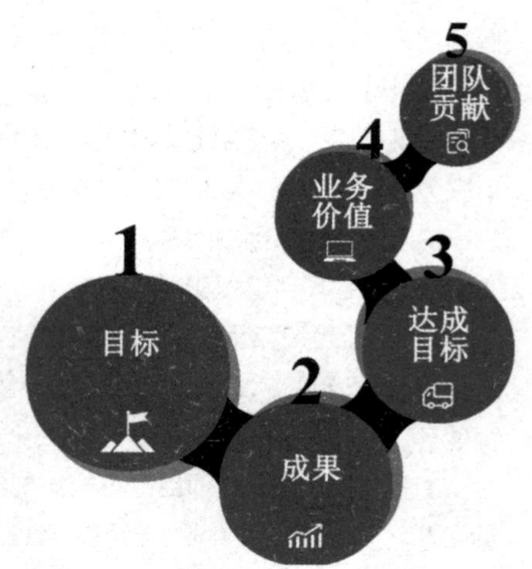

图 5.2　五大关键指标

● 分析目标是否达成：分析项目目标达成与否、项目成功或失败的影响因素，强调项目团队的优缺点及可能存在的挑战。

● 评定业务价值：回顾项目目标，用正面积极的语气强调项目成果。业务的直接或间接价值包括但不限于增加收入、降低成本、提高效率、提高客户满意度等，让领导了解项目的商业性意义。

● 认可团队贡献：任何一个项目都不是单打独斗，除非个人项目，在项目中需表达对团队的赞赏和肯定，强调团队在实现项目目标和取得成果方面做出的重要贡献。

上述为项目目标与成果回顾的五大关键指标，补充且假定关键信息如下。

阐述目标

主要目标：推广公司新推出的打印机产品。

具体目标：

1. 将市场份额从现在的 0.5%提升至 5%以上；

2. 打印机销量须大于 300 台；

3. 差评率须低于 1%。

阐述成果

- 打印机销量为 476 台，差评率为 2%，市场份额占到 7.3%。

分析目标是否达成

- 目标完成情况：项目目标达到预期并超额完成任务。

评定业务价值

通过此次打印机市场营销活动站稳了脚跟，打造了好的口碑，为接下来打印机在市场中拥有一席之地起到了极大的助力作用。

认可团队贡献

销售团队和科研攻关小组通力合作，实现了此次项目的重大突破，尤其是科研攻关小组的李主任鼎力相助，功不可没。

10 填充完关键信息后，对文心一言进行调试，输入如下内容。

请根据上述信息，帮我做一份项目目标与成果回顾，且需要有以上五大关键指标。

文心一言输出如下。

项目目标与成果回顾

一、阐述目标

主要目标：推广公司新推出的打印机产品。

具体目标：

将市场份额从现在的 0.5% 提升至 5% 以上。

打印机销量须大于 300 台。

差评率须低于 1%。

二、阐述成果

打印机的销量为 476 台，差评率为 2%，市场份额占到 7.3%。

三、分析目标是否达成

通过对比项目目标和实际成果，我们可以发现：

市场份额的目标是从 0.5% 提升至 5% 以上，实际达到了 7.3%，超过了预期目标。

打印机销量的目标是大于 300 台，实际销量为 476 台，也超过了预期目标。

差评率的目标是低于 1%，实际差评率为 2%，没有达到预期目标。

综合以上三点，我们可以得出结论：项目目标达到预期并超额完成任务，但差评率没有达标。

四、评定业务价值

通过此次打印机市场营销活动，我们成功地将打印机推向市场，并获得了较好的市场反响。具体来说，我们实现了以下业务价值。

市场份额的提升：通过此次推广活动，我们的市场份额得到了显著提升，从原来的 0.5% 提升到了 7.3%，增加了 6.8 个百分点，这是公司历史上的一次重大突破。

销量的增长：此次推广活动的成功，使我们的打印机销量得到了大幅增长，从原来的几十台增长到了 476 台，增加了近 400 台，这也是公司历史上的一次重大突破。

品牌知名度的提升：通过此次推广活动，我们的品牌知名度得到了大幅提升，更多的消费者开始了解和认可我们的产品，这对于公司未来的发展具有重要意义。

为未来的市场推广奠定了基础：此次推广活动的成功，为我们未来在市场上的推广奠定了坚实的基础，积累了宝贵的经验。我们可以利用这些经验和资源，进一步拓展市场，提升品牌知名度和美誉度。

五、认可团队贡献

在此次项目成功的过程中，销售团队和科研攻关小组发挥了重要的作用。销售团队全力以赴，积极开展市场调研、制订营销计划、组织促销活动等工作，为项目的成功做出了重要贡献。科研攻关小组的李主任更是起到了鼎力相助的作用，他们积极参与产品设计和改进工作，为产品的质量和性能提供了有力保障。在此，我们对销售团队和科研攻关小组表示衷心的感谢和崇高的敬意！

注意： 在拆解项目目标与成果回顾过程中存在部分职场的人情往来，项目成果不建议大包大揽，也绝不能拱手让于他人，该让让该争争，只有这样在职场中才更有话语权。

大家在做文心一言项目调试时，也应该明白这一点：对于某些“关键”人物的“关键”贡献应该予以标记，这既符合职场公平原则，同时职场办公环境也会处于正向激励状态。

5.4 利用文心一言拆解问题与挑战分析

在一份完整的项目复盘中，拆解问题与挑战分析不单单是把项目中的问题盘点出来，还要详细深挖出现问题的主要原因，同时对当下阶段遇到的挑战进行深维度分析，不可一笔带过。但如果拆解问题与挑战分析时只一味地推卸责任，一不能服众，二也没有实质性意义，这种情况下需要三大关键因子来平衡，分别是客观陈述、数据支持、正面导向，如图 5.3 所示。

为了便于大家理解，做如下解析。

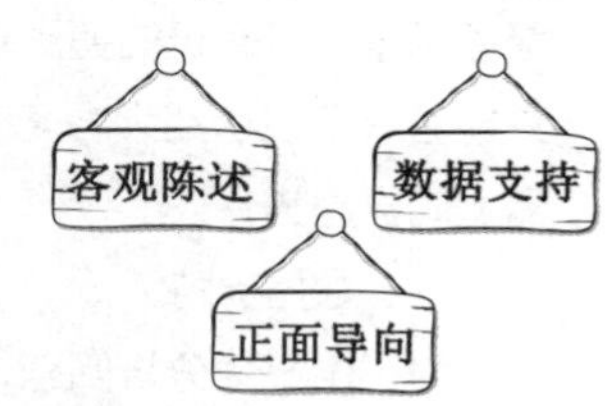

图 5.3　三大关键因子

- 客观陈述：对项目中的问题做准确的客观陈述，避免夸大或淡化问题的存在。
- 数据支持：项目中所有的问题与挑战，都要有真实数据做支撑，真实数据即真实案例，这些案例支撑远超过某些似是而非的模糊性说法。
- 正面导向：遇到问题与挑战，无论是项目自身问题还是团队有人从中作梗，都要有正面导向，强调分析问题的目的是学习成长，而不是抱怨吐槽。

上述为拆解问题与挑战分析的三大关键因子，补充且假定关键信息如下。

客观陈述：团队最后两个月，打印机的销量为 5 台，不能否认团队中部分销售骨干在初期大力销售的突出贡献，但后续销售激情不再，销量下滑是明显趋势。

数据支持：销售人员 4 次找公司财务部门要求支付推广费用，都被公司财务部门婉言拒绝，严重打击了销售人员后期的积极性。

正面导向：我们相信这件事情并不是公司财务部门的本心，公司财务部门也是为公司着想，只不过公司财务部门与公司销售部门属于两大平行部门，不具备直接的管辖权限，应该吸取此次教训，在后续销售推广部门任务时，必须有更高一级的部门领导居中坐镇，来调节财务部门与销售部门的平衡。

填充完关键信息后，对文心一言进行调试，输入如下内容。

请根据上述信息，帮我做一份项目的问题与挑战分析，且需要有以上三大关键因子。

文心一言输出如下。

项目的问题与挑战分析

一、客观陈述

在项目执行过程中，我们遇到了一些问题和挑战。其中最突出的问题是最后两个月打印机的销量急剧下滑，仅为 5 台。虽然我们不能否认团队中部分销售骨干在初期大力度销售的突出贡献，但后续销售激情不再，销售量下滑是明显趋势。

二、数据支持

为了更好地分析问题，我们收集了一些数据。销售人员 4 次找公司财务部门要求支付推广费用，都被公司财务部门婉言拒绝。这说明财务部门没有给予销售部门足够的支持和配合，严重打击了销售人员后期的积极性。

三、正面导向

我们相信这件事情并不是公司财务的本心，公司财务部门也是为公司着想，只不过公司财务部门与公司销售部门属于两大平行部门，不具备直接的管辖权限。因此，我们应该吸取此次教训，在后续的销售推广任务中，必须有更高一级的部门领导居中坐镇，用来调节财务与销售的平衡。

通过以上分析，我们可以得出以下结论：

销售人员激情下降是影响打印机销量的重要因素之一。这可能与销售人员在项目初期过度投入，后期精力不足有关。因此，我们需要加强对销售人员的培训和支持，提高他们的专业素养和销售技巧，以保持其销售激情。

财务部门与销售部门之间的沟通和协作不畅是影响打印机销量的另一个重要因素。这可能与两个部门之间的目标和利益不一致有关。因此，我们需要加强两个部门之间的沟通和协作，建立有效的合作机制，以实现共同的目标。

公司管理和组织结构不合理是影响打印机销量的深层次原因。这可能与公司的管理体系和组织结构不适应市场需求有关。因此，我们需要对公司的管理体系和组织结构进行调整和优化，以适应市场需求和变化。

综上所述，我们需要从多个方面入手，加强团队协作、改进产品设计和提高售后服务质量等方面的工作，以实现项目的成功和目标的顺利实现。

注意： 在拆解问题与挑战分析过程中必须要提出问题，直面种种挑战，且这些问题一定是可量化的，不要泛泛而谈。如果没有足够多的数据，那么简单提一嘴即可，没有必要过分针对，没有可量化数据的泛泛而谈反而容易引起领导反感。

5.5 利用文心一言拆解项目决策与复盘结果

一份完整的项目复盘，最重要、最核心的是拆解项目决策与复盘结果。换句话说，一个项目从开始立项到完成，中间可能经历了数月甚至数年，最终的复盘结果是一定要展现的。

一个好的项目复盘必须起到承上启下的作用，即领导看完复盘后，有继续把项目托付给我们的意愿，这才是项目复盘的初衷。在项目复盘中该诉苦诉苦，该表功表功，没有功劳也有苦劳。那么，做项目决策与复盘结果有哪些方向呢？这里提供四大方向，分别是成果展示、团队贡献、决策依据、未来展望，如图 5.4 所示。

- 成果展示：分析项目最终的交付产品及相关数据指标，强调该项目对于公司带来的积极效果。
- 团队贡献：对于团队在项目中所做出来的贡献和努力表示认可，同时对于团队中个人或团队中某一分支做出的突出贡献予以肯定。
- 决策依据：对在应对突发状况或特殊情况时所制定的决策补充说明，

强调团队的预见性和应变能力，以及在目标设定上的合理性和科学性。

- 未来展望：展示团队对未来的规划和展望，表现对未来项目的信心和决心，写出更具备说服力的目标决策和复盘结果，让领导对项目复盘过程和结果感到满意，同时为接手后续项目提供支持和推动。

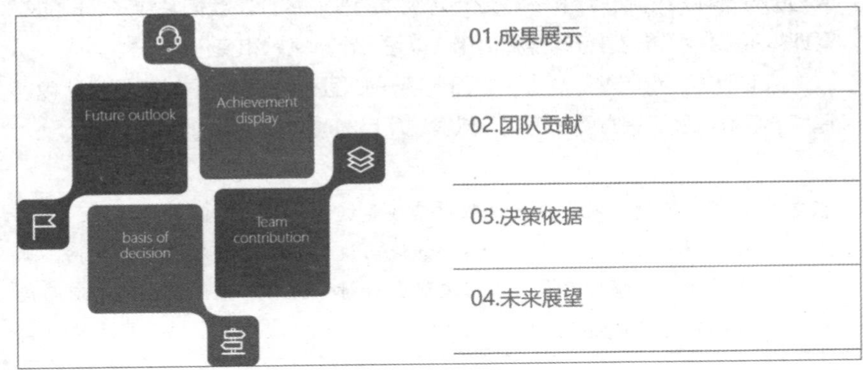

图 5.4　四大方向

按照上述四大方向，补充且假定关键信息如下。

成果展示：打印机销量为 476 台，差评率为 2%，市场份额占到 7.3%。在 36 个城市中，打印机销量位居榜首；在 42 个城市中，打印机销量排到前 5；在 47 个城市中，打印机销量位列前 20。

团队贡献：科研攻关小组李主任解决了大量的打印机技术攻关问题；包括销售部门的小李在内的 5 名员工为打印机的市场营销做出了无法忽视的贡献。

决策依据：打印机新品上市第 1 个月没有达到实际销售额，销售部紧急决定调用之前的人脉关系网来为打印机销售找寻突破口，在此之前做过市场调研，部分高校打印机存在明显缺口，进而打开了打印机的销售渠道。

未来展望：打印机新品市场周期是三年，而我们第 2 款打印机品牌预计在 2024 年年初正式上线，有望在下一次销售中取得更好成绩，让本品牌的打印机市场占有率达到 10%。

填充完关键信息后，对文心一言进行调试，输入如下内容。

请根据上述信息，帮我做一份项目决策与复盘结果，且需要有以上四大方向。

文心一言输出如下。

项目决策与复盘结果

一、成果展示

经过团队的不懈努力，我们的打印机项目取得了显著的成果。具体表现在以下几个方面：

打印机销量为 476 台，远超过了预期的 300 台销量目标。

差评率为 2%，虽然略高于预期的 1% 目标，但仍处于可接受的范围内。

市场份额占到 7.3%，在 36 个城市中，打印机销量位居榜首；42 个城市中，打印机销量排到前 5；在 47 个城市中，打印机销量位列前 20。这些数据表明我们的打印机在市场上取得了良好的表现，具备较强的竞争力。

二、团队贡献

在项目的执行过程中，团队成员发挥了重要作用。科研攻关小组的李主任解决了大量的打印机技术攻关问题，为产品的质量和性能提供了有力保障。包括销售部门的小李在内的 5 名员工为打印机的市场营销做出了无法忽视的贡献，他们积极开展市场调研、制订营销计划、组织促销活动等工作，为项目的成功做出了重要贡献。

三、决策依据

在项目的执行过程中，我们做出了一些重要决策。其中最具代表性的是销售部紧急决定调用之前的人脉关系网来为打印机销售找寻突破口。在此之前，我们做过市场调研，发现部分高校打印机存在明显缺口，进而打开了打印机的销售渠道。这个决策的依据是我们对市场需求的准确把握和对资源的合理调配，最终取得了良好的效果。

四、未来展望

虽然我们的打印机项目取得了显著的成果，但我们并不满足于此。我们相信，在未来的发展中，我们的打印机产品还有更大的潜力可挖。根据市场分析和预测，打印机新品市场周期是三年，而我们第 2 款打印机品牌预计在

2024 年年初正式上线。我们将继续努力，不断提升产品的质量和性能，加强市场营销和售后服务工作，力争在下一次销售中打出更好成绩，让本品牌的打印机市场占有率达到 10%。

注意： 在用文心一言拆解项目决策和复盘结果时，对未来的展望也是至关重要的一环，而且是很好的加分项，万万不可忽略。

第 6 章

高效办公——利用讯飞星火认知大模型搞定会议纪要与快速阅读

大家都知道：大型公司的会议纪要，尤其是大型会议的会议纪要，一般是由办公室主任或秘书全盘操作，而会议纪要的好与坏，直接关系到领导对记录者的看法和态度。中小型公司没那么严谨，一般由老员工做会议纪要，虽费时费力但一般出不了太多问题。怕的是公司以历练新员工为借口，直接要求新员工做会议纪要，很容易出现出力不讨好的情况。

在本章，我们既会讲到会议纪要的底层逻辑，同时也会介绍一种新的记录会议纪要的方式——用讯飞星火认知大模型一键生成。除此之外，还会讲解如何用人工智能实现快速高效阅读。高效阅读对于生成内容的逻辑要求会更高一些，往往需要从众多繁杂的资料中遴选出我们需要找到的核心点。相比较而言，讯飞星火认知大模型与文心一言经过调试后，都能得到所需要的结果，但讯飞星火认知大模型套用公式后，输出内容更为妥帖，我们本章统一用讯飞星火认知大模型来调试。

6.1 会议纪要的底层逻辑，我们究竟应该记什么

有一位实习生，2017 年进入某公司暑期实习，该公司规模不大，只

有 30 人，人员流动性倒挺大，平均每三天开一次会议，公司的性质比较特殊，所以每次开会无非就是讲安全事项、注意事项、业绩指标、奖金惩罚说明。领导随意指派了一位实习生做会议纪要，没想到这位实习生竟然把会议的全部内容都做了记录，多达 46 页纸。

对于发展前景一般的小公司来说，员工出现此错误问题不大；但对于大公司来说，员工出现此状况基本就和升职加薪无缘了。那么，会议纪要究竟应该记什么？

为了让大家更好地理解会议纪要，笔者总结了会议纪要记录内容的六大方向：记录重要信息、标注最终决策、标注行动项目、记录与会人员的重要发言及观点、避免主观评价、审查和确认，如图 6.1 所示。

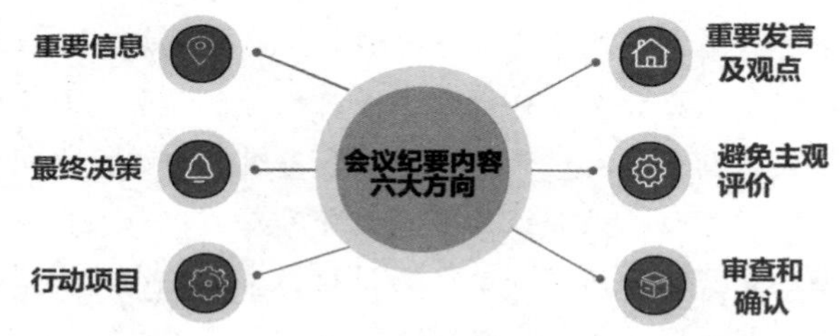

图 6.1　会议纪要六大方向

为了便于大家理解，下面按顺序讲解一下。

● 记录重要信息分三类，分别是重点讨论内容、决策结果、行动项目。

①重点讨论内容：一般指会议期间讨论的最重要内容及议题，涵盖重要决策、新的计划、关键问题等诸多元素。

②决策结果：是与重要讨论记录相关联的决策结果，包括但不限于任务名称、分配的任务、落实到的责任人、任务指标等内容。

③行动项目：记录每个决策或讨论后确定的具体行动项目，必须包括任务名称、负责人、截止日期，其他内容看情况填充。

● 标注最终决策：重要决策或行动用特定符号标记突出，以便读者快速识别。

● 标注行动项目：对每个行动项目标注好负责人和截止日期，方便跟踪实际情况。

- 记录与会人员的重要发言及观点：与会议内容无关或非重点事项可不记录，但最终决策，即行动项目中的发言、落实到责任人的发言、对项目或某项具体事件或公司提出的建议、意见相关话语，要如实且详细记录。
- 避免主观评价：要注意做的是内容纪要，不需要我们主观评价，如果对会议内容有意见或建议，可以在会议期间表态或会议结束后单独汇报，在做会议纪要时绝不能掺杂任何主观情感，尤其是对人、对事的评价。
- 审查和确认：会议中如果需要引用参会人员的具体发言或观点，要确保信息准确无误，多次审查和确认。如条件允许可以找与会人员进行二次确认，确认无误后需要将内容归档保存，以备未来查阅或检查。

那会议纪要的底层逻辑是什么？一句话总结：重要的事重要记，不重要的事简单记，记完后单独标记，不添加个人情感因素，记录完成要保存归档。

6.2 你还在为会议纪要烦恼吗？讯飞星火认知大模型帮你一键生成

用讯飞星火认知大模型可一键生成会议纪要，先假定如下信息。

会议主题：解决 2024 年度服装厂某款样式衣服是否量产的问题

会议时间：2023 年 7 月 30 日，9:00—11:00

会议地点：公司会议室

参与会议人员（10 人）：

1. 老板
2. 总经理
3. 生产部经理
4. 设计部经理

5. 销售部经理

6. 市场部经理

7. 财务部经理

8. 员工代表 1

9. 员工代表 2

10. 员工代表 3

次要探讨内容：

1. 生产成本分析报告

2. 设计部样式方案汇报

3. 销售部市场调研报告

4. 新供应商推荐

5. 市场竞争对手分析

重要探讨内容：

2024 年度服装厂某款样式衣服是否量产决策

当假定上述信息后，与之对等的信息如下。

记录重要信息：

● 经过全体参与者的讨论和分析，公司决定量产 2024 年度某款样式衣服。

● 市场竞争对手分析表明，该款样式衣服有较大潜力，且能满足目标客户需求。

● 设计部样式方案得到大部分人的认可，但也有一些建议和改进意见。

● 财务部门提供的生产成本分析报告显示，量产是可行的，并提出了降低成本的建议。

● 通过会议，新供应商得到讨论和批准，将进一步提升供应链稳定性。

● 员工代表的发言为公司决策提供了员工群体的观点和想法，有助于团队凝聚和共识形成。

标注最终决策：

经过全体参与者的讨论和分析，公司决定量产 2024 年度某款样式衣服。

标注行动项目：

- 设计部门进一步完善样式方案，满足更多客户需求。
- 生产部门制订详细的生产计划和成本控制措施，确保量产顺利进行。
- 销售部门制订市场推广计划，确保样式得到广泛认可和接受。
- 财务部门监控生产成本，进行实时预算和费用控制。
- 公司全体员工共同努力，推动 2024 年度某款样式衣服的量产顺利进行，实现销售目标。

记录与会人员的重要发言及观点：

1. 开场致辞（老板）
2. 2024 年度某款样式衣服是否量产的问题介绍及背景说明（总经理）
3. 设计部样式方案汇报及讨论（设计部经理）
4. 生产成本分析报告及讨论（财务部经理）
5. 市场竞争对手分析及市场调研报告汇报（市场部经理、销售部经理）
6. 新供应商推荐及讨论（市场部经理、生产部经理）
7. 员工代表发表观点和态度（员工代表 1、员工代表 2、员工代表 3）
8. 讨论和决策 2024 年度某款样式衣服是否量产的问题（所有参与人员）

避免主观评价：【已避免】

审查和确认：【确认无误】

接下来用讯飞星火认知大模型一键生成会议纪要，但一份详细的会议纪要所占字数过多，而这一部分内容如果让讯飞星火认知大模型全权处理难度极大，所以需要分阶段生成，逐级调试。

对讯飞星火认知大模型输入关键信息。

输入如下内容。

我是公司的文员秘书，领导要求我写一份会议纪要，现在我把整个会议内容讲给你听，然后你来帮我写一份会议纪要，必须按照我的要求来写，能做到吗?

讯飞星火认知大模型输出如下。

会议纪要

一、会议主题：解决 2024 年度服装厂某款样式衣服是否量产的问题

二、参与人员：10 人

三、次要探讨内容：生产成本分析、设计方案汇报、市场调研报告、新供应商推荐、市场竞争对手分析

四、重要探讨内容：2024 年度某款样式衣服是否量产决策

经过讨论，公司决定量产该款样式衣服。设计部门需进一步完善样式方案，生产部门制订详细计划和控制措施，销售部门制订市场推广计划，财务部门监控生产成本。全体员工共同努力，实现销售目标。

输入如下内容。

本次会议的与会人员及探讨任务如下，你先帮我记录关键信息，稍后按照我的要求去写会议纪要：

参与会议人员（10 人）：

1. 老板
2. 总经理
3. 生产部经理
4. 设计部经理
5. 销售部经理
6. 市场部经理
7. 财务部经理
8. 员工代表 1
9. 员工代表 2
10. 员工代表 3

次要探讨内容：

1. 生产成本分析报告

2. 设计部样式方案汇报

3. 销售部市场调研报告

4. 新供应商推荐

5. 市场竞争对手分析

重要探讨内容：

2024 年度服装厂某款样式衣服是否量产决策

继续输入。

本次会议的最终决策成果如下。经过全体参与者的讨论和分析，公司决定量产 2024 年度某款样式衣服。

继续输入。

本次会议纪要当中需要额外标记以下行动项目，用特殊符号标记。

●设计部门进一步完善样式方案，满足更多客户需求。

●生产部门制订详细的生产计划和成本控制措施，确保量产顺利进行。

●销售部门制订市场推广计划，确保样式得到广泛认可和接受。

●财务部门监控生产成本，进行实时预算和费用控制。

●公司全体员工共同努力，推动 2024 年度某款样式衣服的量产顺利进行，实现销售目标。

继续输入。

本次会议的重点发言内容如下，需要用另外一种特殊符号标记。

1. 开场致辞（老板）

2. 2024 年度某款样式衣服是否量产的问题介绍及背景说明（总经理）

3. 设计部样式方案汇报及讨论（设计部经理）

4. 生产成本分析报告及讨论（财务部经理）

5. 市场竞争对手分析及市场调研报告汇报（市场部经理、销售部经理）

6. 新供应商推荐及讨论（市场部经理、生产部经理）

7. 员工代表发表观点和态度（员工代表 1、员工代表 2、员工代表 3）

8. 讨论和决策 2024 年度某款样式衣服是否量产的问题（所有参与人员）

继续输入。

本次会议需要记录的重要信息如下。

1. 开场致辞（老板）
2. 2024 年度某款样式衣服是否量产的问题介绍及背景说明（总经理）
3. 设计部样式方案汇报及讨论（设计部经理）
4. 生产成本分析报告及讨论（财务部经理）
5. 市场竞争对手分析及市场调研报告汇报（市场部经理、销售部经理）
6. 新供应商推荐及讨论（市场部经理、生产部经理）
7. 员工代表发表观点和态度（员工代表 1、员工代表 2、员工代表 3）
8. 讨论和决策 2024 年度某款样式衣服是否量产的问题（所有参与人员）

继续输入。

请按照上述标准和要求帮我写一份会议纪要。

讯飞星火认知大模型输出如下。

会议纪要

参与人员及探讨任务

参与人员	探讨任务
老板	
总经理	
生产部经理	生产成本分析报告、新供应商推荐
设计部经理	样式方案汇报、市场竞争对手分析
销售部经理	市场调研报告、销售推广计划
市场部经理	

续表

财务部经理	生产成本分析报告、实时预算和费用控制
员工代表 1	
员工代表 2	
员工代表 3	

次要探讨内容

- 生产成本分析报告：财务部经理对生产成本进行了详细的分析报告。

- 设计部样式方案汇报：设计部经理对其样式方案进行了汇报和讨论。

- 销售部市场调研报告：销售部经理对其市场调研报告进行了汇报。

- 新供应商推荐：采购部经理进行了新供应商的推荐和讨论。

- 市场竞争对手分析：市场部经理和销售部经理对其市场竞争对手进行了分析。

重要探讨内容：2024 年度服装厂某款样式衣服是否量产决策

经过全体参与者的讨论和分析，公司决定量产 2024 年度某款样式衣服。以下是需要额外标记的行动项目：

- ●设计部门进一步完善样式方案，满足更多客户需求。

- ●生产部门制订详细的生产计划和成本控制措施，确保量产顺利进行。

- ●销售部门制订市场推广计划，确保样式得到广泛认可和接受。

- ●财务部门监控生产成本，进行实时预算和费用控制。

- ●公司全体员工共同努力，推动 2024 年度某款样式衣服的量产顺利进行，实现销售目标。

重点发言内容

以下是需要用另外一种特殊符号标记的发言内容：

1. 开场致辞（老板）

2. 2024 年度某款样式衣服是否量产的问题介绍及背景说明（总经理）

3. 设计部样式方案汇报及讨论（设计部经理）

4. 生产成本分析报告及讨论（财务部经理）

5. 市场竞争对手分析及市场调研报告汇报（市场部经理、销售部经理）
6. 新供应商推荐及讨论（市场部经理、生产部经理）
7. 员工代表发表观点和态度（员工代表 1、员工代表 2、员工代表 3）

会议纪要由文员秘书整理并完成，待会议主持人确认无误后，将会议纪要发送给所有参会人员作为会议成果的记录。

注意： 大家要注意，无论是讯飞星火认知大模型还是其他人工智能，只要对其输入一个话题其都会给予答复，即便要求不给予答复，其仍然会答复，而且答复字数极多。为了便于让大家看到最终结果，我们把中间部分人工智能的答复直接省略掉，最终调试结果如上所示。

对于这一调试，我们仍可以增添额外信息，比如在会议纪要记录过程中进行二次确认，发现内容不符合处进行二次修改，或者添加无个人主观感情的话语调试指令，大家可自由发挥，不做过多讲解。

6.3 快速阅读的底层逻辑，效率是第一要素

职场中大家一定听过类似“时间就是金钱”的口号，实际情况也是如此，公司文员、秘书或白领需要阅读大量的文件、报告、邮件等信息，并对其回应处理，而快速阅读可以帮助我们迅速获得其中的关键信息，节省大量时间，重要的是更高效地完成任务。

但任何事情都是过犹不及，快速阅读的底线究竟是什么？一目十行但没读懂，这是快速阅读；阅读过程中做笔记标记，并在最短时间之内阅读完成，且通透理解，这也是快速阅读。同样都是快速阅读，职场的快速阅读有怎样的考核指标？

笔者总结出职场快速阅读的五要素，分别是提取关键信息、关键词检索、文档分类、语音分析和情感识别、延伸理解，如图 6.2 所示。

图 6.2　快速阅读五要素

- 提取关键信息：无论是项目书的PDF文件、Word文档，还是会议纪要等相关内容，原则上重要信息都要加粗加黑标记，关键信息包括但不限于项目目标、关键指标、时间表、预算等重要内容。
- 关键词检索：比如某项目书中有一项关键数据，市场营销占比从原有的1%达到4.3%，那么可以对1%到4.3%这两个关键数据进行关键词检索，呈现市场推广的趋势、数据变化、所需要做的努力、给公司带来的实际效益。如果是会议纪要，而会议纪要中领导提出了建设性的意见或建议，关键词检索一般以检索领导全称或领导岗位为主。
- 文档分类：某份文件涉及关键信息分类，比如会议纪要中的领导建议、员工建议、领导反馈、员工反馈、未来发展期望值等数据，要按照顺序分类。但如果同时有多份文件递交给你，要求最短时间内阅读且理解相关信息，参与下一轮会议，那么应优先对文件进行分类和标签化，以便快速识别文件类型和文件内容。
- 语音分析和情感识别：在快速阅读关键信息时，需要自主理解文件中的语义关系和上下文，以便理解内容，更重要的是需要听话“听音”，理解发言人的情感倾向。
- 延伸理解：在快速阅读相关项目信息或领导发言稿时，应有个人的理解和感悟，不只是为了读而读，读的过程中加深个人理解，比如对项目的看法态度、对公司决策的看法态度、对某次会议纪要的看法态度，当然多数情况下我们不为此发表意见，除非领导有要求。

6.4 讯飞星火认知大模型出手，5分钟学会快速阅读

本节的人工智能调试和其他章节调试逻辑相反，其他章节的调试逻辑是对人工智能尽可能使用公式模板进行提问，要求人工智能给予规范式作答，而快速阅读的本质是先给人工智能输入答案，要求人工智能反推答案并提出问题。

为了便于理解，让讯飞星火认知大模型生成一份项目策划方案，然后要求其快速阅读。

对讯飞星火认知大模型输入如下内容。

某地景区为响应文旅局号召，推动当地的旅游业发展，决定推出特价套餐，吸引当地及外地游客。经过三个月的筹备及项目推广，大获成功，当地旅游人次从往年的 80 万人次急速飙升至今年的 320 万人次。这是一件事情的起因、经过和结果，请针对这件事帮我写一份项目策划，要求具备专业性。

讯飞星火认知大模型输出如下。

项目名称：景区特价套餐推广策划

一、项目背景及起因

某地景区为响应文旅局号召，推动当地的旅游业发展，决定推出特价套餐，吸引当地及外地游客。经三个月的筹备及项目推广，大获成功，当地旅游人次从往年的 80 万人次急速飙升至今年的 320 万人次。为了进一步提升景区的知名度和吸引力，制定以下项目策划。

二、项目目标

1. 提升景区知名度和美誉度；
2. 增加游客数量和旅游收入；
3. 提高游客满意度和回头率；
4. 打造具有竞争力的旅游目的地形象。

三、项目策略

1. 产品策略：设计多样化的特价套餐，包括景点门票、交通接驳、餐饮住宿等服务，满足不同游客的需求。

2. 市场定位策略：根据景区特色和目标客群，确定市场定位，例如家庭亲子游、情侣出游、自然风光游等。

3. 宣传推广策略：通过线上线下多渠道宣传推广，包括社交媒体、旅游平台、户外广告等，吸引更多游客。

4. 服务体验策略：提供高质量的服务体验，包括培训员工技能、优化游览线路、加强设施维护等，提高游客满意度和回头率。

5. 合作联盟策略：与周边景区、酒店、旅行社等相关企业建立合作关系，共同推动旅游业发展。

四、具体措施

1. 设计特价套餐：根据景区资源和目标客群需求，设计多样化的特价套餐，包括门票折扣、住宿优惠、特色活动等，以吸引更多游客。

2. 线上宣传推广：通过建立官方网站和社交媒体账号，发布景区信息、特价套餐、游客点评等内容，增加曝光度和互动性。

3. 线下宣传推广：在周边城市和交通枢纽设立宣传牌和广告牌，组织宣传活动和路演，吸引游客关注和参与。

4. 优化游览线路：根据游客需求和景区特点，规划游览线路，提供导览服务和讲解员培训，提升游客体验。

5. 加强设施维护：定期检查和维护景区设施，确保安全和舒适性，提高游客满意度。

6. 建立客户关系管理系统：建立客户数据库，定期发送促销信息和个性化推荐，增强客户黏性和忠诚度。

7. 加强员工培训：培训员工服务意识和专业技能，提高服务质量和效率。

8. 建立合作伙伴关系：与周边酒店、旅行社等建立合作关系，共同推广旅游产品和服务。

五、项目预算

根据具体措施和市场需求，制定详细的项目预算，包括宣传费用、设施维护费用、员工培训费用等，确保项目的顺利实施和运营。

六、项目评估与调整

定期评估项目的实施效果和市场反馈，根据实际情况进行调整和改进，以确保项目的可持续发展和最大化效益。

针对上述项目策划，要求讯飞星火认知大模型快速阅读，调试内容如下。

对讯飞星火认知大模型输入如下内容。

对上面生成的项目策划提取关键信息。

讯飞星火认知大模型输出如下。

项目名称：景区特价套餐推广策划。

目标：提升景区知名度和美誉度，增加游客数量和旅游收入，提高游客满意度和回头率，打造具有竞争力的旅游目的地形象。

策略：

1. 产品策略：设计多样化的特价套餐，满足不同游客需求。
2. 市场定位策略：确定市场定位，如家庭亲子游、情侣出游、自然风光游等。
3. 宣传推广策略：通过多渠道宣传推广，如社交媒体、旅游平台、户外广告等，吸引更多游客。
4. 服务体验策略：提供高质量的服务体验，包括员工培训、游览线路优化、设施维护等。
5. 合作联盟策略：与周边景区、酒店、旅行社等相关企业建立合作关系。

措施：

1. 设计特价套餐。
2. 线上宣传推广。
3. 线下宣传推广。
4. 优化游览线路。
5. 加强设施维护。
6. 建立客户关系管理系统。
7. 加强员工培训。

8. 建立合作伙伴关系。

预算：根据具体措施和市场需求制定详细的项目预算。

评估与调整：定期评估项目实施效果和市场反馈，根据实际情况进行调整和改进。

注意： 因为讯飞星火认知大模型在自动生成项目策划或生成某项内容时，本就已经极度精简，所以我们这一次提取关键信息并不算太成功，前后之间的对比不明显。为了便于大家理解讯飞星火认知大模型在提取关键信息时的功效，我们对上述内容中的项目意义做扩充，然后再要求其提取关键信息，用于快速阅读。

10 对讯飞星火认知大模型做二次调试输入。

对项目意义做扩充，要求体现领导层、相关员工的观点态度和看法。

讯飞星火认知大模型输出如下。

项目意义扩充：

本项目的成功推广体现了领导层，以及员工的重视。以下是具体扩充内容。

1. 项目总监

- 在项目策划和推广过程中，项目总监充分了解市场需求和客户心理，准确把握市场趋势，因此制定了具有针对性的特价套餐推广方案，为项目的成功奠定了坚实基础。

- 项目总监在项目推广过程中善于倾听团队成员的意见和建议，鼓励大家积极参与讨论，形成了充满创意和合作的工作氛围，提高了团队的凝聚力和执行力。

- 面对项目中出现的挑战和困难，项目总监展现出高超的领导能力和决策智慧，及时调整推广策略，引导团队克服困难，最终取得了显著的成果。

2. 对员工的观点态度和看法

- 公司领导重视员工的意见和看法，特别是在员工代表发表观点和态度的环节，领导给予充分的关注和回应，认真听取员工的反馈和建议。

- 员工代表们在会议中发表了对推广项目的不同看法，包括项目中存在的问题、客户的反馈意见等。公司领导充分尊重和接纳这些意见，对其中的有价值建议及时采纳，进行相应调整和改进。

- 公司领导在项目决策过程中注重民主，通过广泛征求员工的意见，达成了共识，增强了员工的归属感和参与感。这种民主决策的做法也为公司未来的项目决策提供了有益借鉴。

3. 员工的积极参与和奉献精神

- 在推广项目的过程中，所有员工都积极参与其中，充分发挥各自的专业优势和职责，共同为项目的成功做出了贡献。

- 员工代表们在会议中坦诚地表达了对项目的期望和担忧，表现出高度的责任心和奉献精神，体现了对公司和项目的认同和关心。

- 员工们在项目推广过程中付出了辛勤的努力，面对挑战勇敢担当，不畏困难，最终取得了优异的成绩，展现出团队的凝聚力和执行力。

综上所述，公司在项目中采用民主决策，充分发挥了员工的积极性和创造力，最终取得了显著的成果，为公司的发展和旅游业的繁荣做出了积极贡献。

10 对讯飞星火认知大模型再次输入。

对项目意义做提取关键信息处理，重点提取领导对此事的观点、态度和看法。

讯飞星火认知大模型输出如下。

项目名称：景区特价套餐推广策划。

一、项目背景及起因

某地景区为响应文旅局号召，推动当地的旅游业发展，决定推出特价套餐，吸引当地及外地游客。经三个月的筹备及项目推广，大获成功，当地旅游人次从往年的 80 万人次急速飙升至今年的 320 万人次。为了进一步提升景区的知名度和吸引力，特制定以下项目策划。

二、领导观点态度和看法

1. 领导高度重视该项目，认为旅游业是地方经济的重要支柱，特价套餐的推出将有效促进旅游业的发展，带动相关产业链的增长。

2. 领导对项目团队的努力和成果表示肯定，并期待未来继续推动类似的创新营销策略，进一步提升景区的竞争力和市场份额。

3. 领导支持项目团队在宣传推广方面的决策，包括多渠道宣传推广、线上线下结合、强化设施维护等措施。

4. 领导强调服务质量和游客体验的重要性，鼓励给员工提供专业培训，并提升员工服务意识，以增强游客满意度和回头率。

5. 领导重视与周边企业的合作联盟关系，鼓励建立合作伙伴关系，共同推动旅游产品和服务的发展。

三、项目目标和意义

1. 提升景区知名度和美誉度；

2. 增加游客数量和旅游收入；

3. 提高游客满意度和回头率；

4. 打造具有竞争力的旅游目的地形象。

以上观点态度和看法表明，领导层对该项目的实施持积极态度和支持立场，他们认为特价套餐推广是一项重要举措，能够有效推动旅游业的发展，并对员工的参与和服务意识提出了要求，同时重视与周边企业的合作联盟关系。这些观点态度和看法对于项目的顺利实施和取得良好效果具有重要意义。

10 **再次对讯飞星火认知大模型输入如下内容。**

将领导所做决定进行分类，并给予标签化。

讯飞星火认知大模型输出如下。

领导所做决定分类及标签化：

1. 重视旅游业发展：将推出特价套餐视为促进当地旅游业发展的重要举措，认为其对地方经济的推动作用巨大。

- 决策：推出特价套餐。
- 态度：高度重视、积极支持。

2. 强调宣传推广策略：鼓励采用多渠道宣传推广手段，包括线上和线下相结合，以吸引更多游客。

- 决策：制定多样化的宣传推广策略。
- 态度：认可、鼓励。

3. 提升服务质量和游客体验：强调员工培训和服务意识的提升，以提高游客满意度和回头率。

- 决策：加强员工培训、优化游览线路、维护设施等措施。
- 态度：重视、期待。

4. 建立合作伙伴关系：鼓励与周边企业建立合作关系，共同推动旅游产品和服务的发展。

- 决策：建立合作伙伴关系。
- 态度：支持、倡导。

以上分类和标签化有助于更好地理解领导对该项目所做决定的态度和看法，同时也方便后续的项目执行和过程评估。

不难发现，讯飞星火认知大模型在提取关键信息、关键词检索、文档分类、标签化这四方面几乎是可以一键智能生成的，然后我们针对讯飞星火认知大模型输出的信息做快速阅读即可。

有一点我们暂且没有调试——延伸理解，原则上人工智能根本无法做到，因为领导的想法即便是公司员工也很难揣测，同样一句话在不同语调、语境之下，领导想表达的意思都不一样，所以延伸理解考验的是员工的职场情商，如今的人工智能无法做到。

第 7 章

高效沟通——AI 时代的高效沟通策略

职场中经常会遇到这些情况：给特定客户发送邮件、单独找公司领导汇报工作或写月报、周报、年终总结等，这些工作耗时费力，又不能转化为直接的收益，尤其是对于不擅长写作的人而言，想一想就头痛。如今，只要善于利用人工智能，就可以实现一键生成相关内容。

大学毕业后的两年，我以合伙人的身份加入一家公司，工作后明显察觉到氛围不太对劲，员工每到周五都在电脑前眉头紧锁，当时我还有点纳闷儿，直到一位员工不小心吐槽爆料，我才明白，由于公司领导对周报要求太高，员工会拿出 1/5 的工作时间写周报。

如果你也遇到一位这样的领导，怎么办？向上管理？太难了！改变不了公司的政策、领导的管理风格，就改变自己，学会使用人工智能帮助自己提升工作效率。

讯飞星火认知大模型有周报小助理，文心一言有周报生成器。这两款人工智能对于周报等职场相关汇报工作都有专属一键生成按钮。但经过我们前后比对来看，文心一言可能要略胜一筹，所以我们本章节的 7.1 节、7.2 节用讯飞星火认知大模型调试，7.3 ～ 7.5 节用文心一言调试。

7.1 用讯飞星火认知大模型写邮件，效率大大提升

具体讲解用讯飞星火认知大模型写邮件之前，先解答两个问题。第一个问题：一份正常的邮件包括哪些关键信息？笔者总结出邮件的七大要素，分别是收件人、主题、称呼、正文、附件、结束语、署名，如图 7.1 所示。

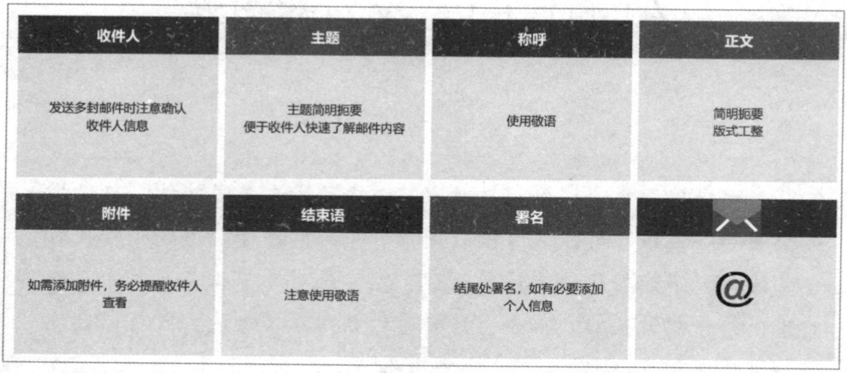

收件人
发送多封邮件时注意确认收件人信息
主题
主题简明扼要
便于收件人快速了解邮件内容
称呼
使用敬语
正文
简明扼要
版式工整
附件
如需添加附件，务必提醒收件人查看
结束语
注意使用敬语
署名
结尾处署名，如有必要添加个人信息
@

图 7.1　邮件七大要素

- 收件人：将邮件发送给正确的收件人，尤其触及公司核心机密、自己对工作状态的意见反馈或某些特殊情况时。如果邮件一式两份或多份分别发送给不同收件人，更需要确认收件人信息。
- 主题：主题应当简明扼要，一句话概括邮件内容，方便收件人快速了解邮件。
- 称呼：称呼在邮件开头，应当使用敬称，根据收件人的职位和关系选择合适的称呼。
- 正文：正文排版要整齐，内容要简明扼要，严禁语言赘述或长篇大论。
- 附件：对于特殊邮件如需添加附件，需要在正文中明确表达出来提醒收件人，且要保证附件的格式正确、大小适中。
- 结束语：在邮件结尾使用适当的结束语，一般用敬语表述，比如“祝您一切顺利”“祝您生活愉快”等。

● 署名，在邮件结尾处署名，如有必要需填写个人姓名、职位、联系方式。

第二个问题：写邮件时有哪些注意事项？笔者简单汇总如下四点，如图 7.2 所示。

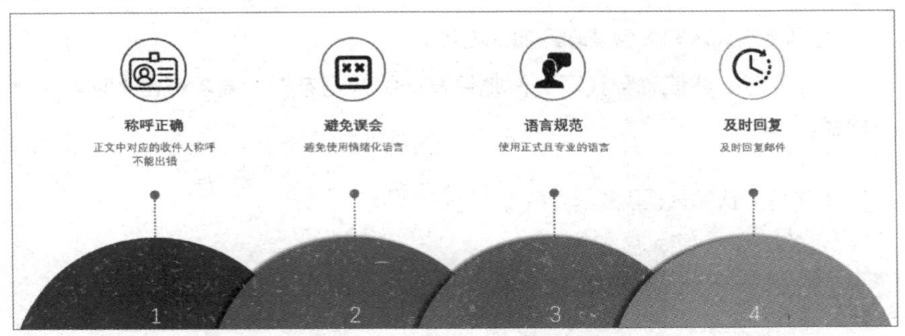

图 7.2　写邮件的注意事项

第 1 点，正文中对应的收件人称呼不能出错，尤其是在一份信息发送给多个人的情况下，收件人信息在正文中是否体现或是否需要修改，必须依据情况做具体调试。

第 2 点，邮件的本质是为了解决问题或应对问题，而不是通过邮件中强烈或情绪化的语言引起冲突或误解，而且邮件本身自带留痕功能，一旦出现问题，对未来的职场发展只有坏处没有好处。

第 3 点，使用专业语言，在邮件中避免使用口头语，应当使用正式且专业的语言。

第 4 点，发出邮件后，如果收到对方的邮件回应，需判断是否进行二次回应，如需要则仍用邮件及时回应。

那么，如何用讯飞星火认知大模型来写邮件？先假定相关信息如下。

本次发送邮件是为了提出涨薪水问题。

收件人：公司领导。

主题：涨工资。

称呼：李老板。

正文：在公司工作 4 年，月工资 4400 元，工作任劳任怨，迫切需要提高收入。

附件：无。

结束语：如果不能涨工资，则要跳槽到另一家公司，祝领导一切顺利。

署名：刘丙润。

对讯飞星火认知大模型输入如下内容。

请针对上述信息帮我写一份邮件发送给公司老板，要求符合上述邮件格式。

讯飞星火认知大模型输出如下。

收件人：李老板

主题：关于涨工资的请求

尊敬的李老板：

我是公司的员工刘丙润，现在向您提出一个关于涨工资的请求。

我已经在贵公司工作了 4 年，一直以来都认真负责，努力工作，任劳任怨。然而，我发现自己的薪水水平一直没有得到提高。经过我的了解，我发现自己的工资处于公司的最低水平，这让我感到非常沮丧。

因此，我诚恳地请求您能够给予我一个涨工资的机会。我相信，我的努力和付出应该得到相应的回报。如果不能满足我的要求，我将不得不考虑跳槽到另一家公司。

在此，我向您保证，如果我得到涨工资的机会，我将会更加努力工作，为公司做出更大的贡献。

谢谢您花时间和耐心阅读我的请求。期待您的回复！

此致

敬礼！

刘丙润

在这份邮件中，可以对其他内容做补充，比如领导给自己涨工资的理论基础。

对讯飞星火认知大模型输入如下内容。

补充以下信息，并作为涨工资的原因。

帮助公司领导处理 4 次投诉、加班时长超过 400 小时，在公司带团队做项目超过 5 次，带团队新人超过 20 人，是公司老员工。

讯飞星火认知大模型输出如下。

收件人：李老板

主题：关于涨工资的请求

尊敬的李老板：

我是贵公司的员工刘丙润，现在向您提出一个关于涨工资的请求。

自我加入公司以来，我一直认真负责地履行我的职责，并多次为公司做出贡献。最近，我处理了 4 次客户投诉，加班时长达 400 多个小时，帮助公司领导带团队完成了 5 个项目，还成功地带领新人超过了 20 人。作为公司的老员工，我相信我的努力和付出应该得到相应的回报。

然而，我发现自己的工资水平一直没有得到提高。经过我的了解，我发现自己的工资处于公司的最低水平，这让我感到非常沮丧。

因此，我诚恳地请求您能够给予我一个涨工资的机会。我相信，我的努力和付出应该得到相应的回报。如果不能满足我的要求，我将不得不考虑跳槽到另一家公司。

在此，我向您保证，如果我得到涨工资的机会，我将会更加努力工作，为公司做出更大的贡献。

谢谢您花时间和耐心阅读我的请求。期待您的回复！

此致

敬礼！

刘丙润

用讯飞星火认知大模型一键生成邮件相对来说简单一些，只需不断地填充内容，把相关信息填入即可，生成后进行微调也只需要额外补充对应内容，然后要求讯飞星火认知大模型继续生成即可。

7.2 用讯飞星火认知大模型汇报工作，重点突出汇报框架

有小伙伴可能会好奇，前面已经讲过项目复盘了，为什么还要讲汇报工作，两者之间不会有交叉重合吗？项目复盘，更像是项目结束后针对问题以文件形式生成内容；汇报工作，更多的是面对公司领导的一对一或多对一汇报，更考验个人语言表达能力。

汇报工作在职场办公过程中涉及范围极广，那应如何展开呢？笔者总结了 7 个关键点，分别是引言和致意、工作进展、目标和计划、资源需求、风险和挑战、建议和需求、总结和感谢，如图 7.3 所示。

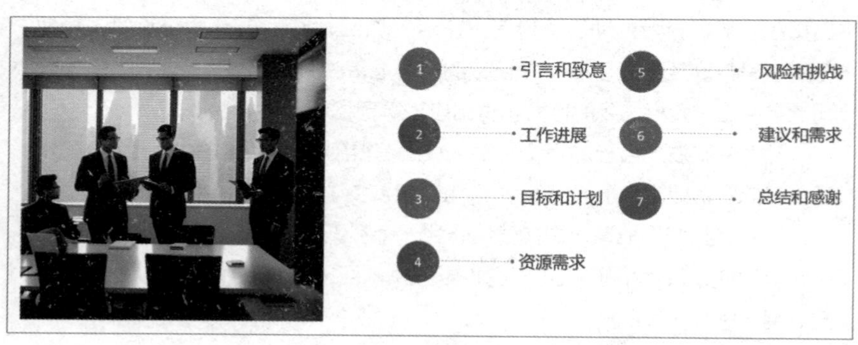

图 7.3　汇报工作的 7 个关键点

（1）引言和致意。向领导汇报工作时，应当向领导表达最基础的问候，这个问候不是拍马屁，而是顺利引出汇报的核心目的。

（2）工作进展。向领导汇报工作，汇报内容必然与本职工作相关，此时应该介绍工作项目和任务最新进展情况。分两个层面来讲述：一个层面是现阶段已完成的任务，取得的成绩；而另一个层面则是需要解决的未完成任务，以及遇到的挑战。

（3）目标和计划。阐述遇到挑战的同时，需要重点讲解未来的工作内容、时间安排、预期成果，让领导了解自己当下的工作状态及未来可能达到的工作目标。

（4）资源需求。如果工作短期内凭个人力量无法完成，那么需要巧妙地告诉领导：现阶段完成工作所需要的资源或支持，包括但不限于人力资源支持、预算资金支持、相关技术支持等。

（5）风险和挑战。在汇报过程的中后段，应当讲解任务所面临的风险与挑战，讲解风险时不能只提出问题，应同时提供详细的解决方案，并咨询领导对此的观点、看法和态度。

（6）建议和需求。汇报的末尾阶段，需要向领导提出建议或意见，以及自己的需求，例如需要领导的决策支持，需要领导给出反馈意见，等等。

（7）总结和感谢。汇报完所有内容后，再次感谢领导的支持和关注，表达自己的进取心。

将上述内容精简，复刻一套可衡量的公式如下。

1. 引言和致意：问候+汇报目的和背景。

2. 工作进展：分为已完成阶段成绩和未完成任务及挑战。

3. 目标和计划：揭示未来工作内容、时间安排和预期成果。

4. 资源需求：提出所需人力、预算、技术等支持。

5. 风险和挑战：阐述面临的风险和提供解决方案。

6. 建议和需求：提出意见、需求并征求领导观点。

7. 总结和感谢：再次感谢支持并表达进取心。

接下来填充关键信息，利用人工智能一键生成任务汇报的标准模板，需要填充哪些关键信息呢？假定信息如下。

1. 引言和致意：领导好，我来汇报一下某房地产的销售业绩及任务进度。

2. 工作进展：总房屋为 876 套，已销售房屋 476 套，剩余 400 套。

3. 目标和计划：销售部由原先的 3 个部门扩充为 5 个部门，招聘新员工 40 名，预计在未来 6 个月里销售库存房产的 80% 以上。

4. 资源需求：财务部门应加大激励，缩短员工获得提成的时间。

5. 风险和挑战：隔壁楼盘两个月后也会售卖，会增加销售部工作难度，利用这段空窗期，我们抓紧时间做楼盘售卖。

6. 建议和需求：希望领导对楼盘售卖计划给出建议。

7. 总结和感谢：再次感谢支持并表达进取心。

对讯飞星火认知大模型输入如下内容。

帮我生成一份任务汇报，要求满足以上关键信息，需重点突出任务遇到的困难及所需要获得的支持。

讯飞星火认知大模型输出如下。

任务汇报

尊敬的领导：

我是某房地产的销售经理，在此给您汇报我们目前的工作情况和未来的计划。

一、工作进展

目前，我们的总房屋数量为 876 套，已销售的房屋数量为 476 套，剩余的房屋数量为 400 套。我们的销售部门由原先的三个部门扩充为五个部门，增加了员工的招聘与培训，同时也加强了团队之间的协作。

二、目标和计划

我们的销售部门计划在未来六个月内，销售完当前库存的房产。为了实现这个目标，我们将进一步加强市场营销策略，提升客户服务质量，同时加大广告宣传力度，以吸引更多的客户购买我们的房产。

三、资源需求

在我们的工作中，财务部门的支持非常重要。因此，我们希望财务部门能够加大激励力度，缩短员工获得提成的时间，以便员工能够更积极地参与到销售工作中来。

四、风险和挑战

我们的竞争对手隔壁楼盘也将在未来两个月内开始售卖房产，这将对我们的销售工作造成一定的压力。因此，我们需要抓紧时间，充分利用这段空窗期来进行楼盘售卖。同时，我们也需要加强市场调研，了解客户需求，提高产品竞争力。

五、建议和需求

最后，我希望领导能够就我们的楼盘售卖计划给出一些建议和支持，帮助我们更好地完成销售目标。

感谢您对我们工作的关注和支持！

讯飞星火认知大模型做任务汇报时，会根据我们给予的关键数据信息做内容填充，这里我们只是做一个假定的任务汇报。在进行真实任务汇报前，必然有更多的相关数据和核心信息，将这些内容进行填充，再要求讯飞星火认知大模型一键生成即可。

7.3 用文心一言写周报，轻松高效无压力

周报频率高，工作量大，相比于月报、年报而言，几乎是每一位员工的噩梦。很多公司要求员工写周报，也只是走形式而已，一来员工拿不出时间精力去写，二来员工周报太多领导懒得看。

懒得看并不意味着不看，没时间写并不意味着可以不写。那么，如果善于借助人工智能，并学会手工调试，则可以在很大程度上提升效率。

周报包括哪些内容呢？因为周报和月报非常特殊，笔者准备的模板较多，我们接下来直接展示公式。整体来看，周报一共有 4 套模板，分别是目标达成型周报模板、项目进度型周报模板、销售业绩型周报模板、团队工作型周报模板，如图 7.4 所示。

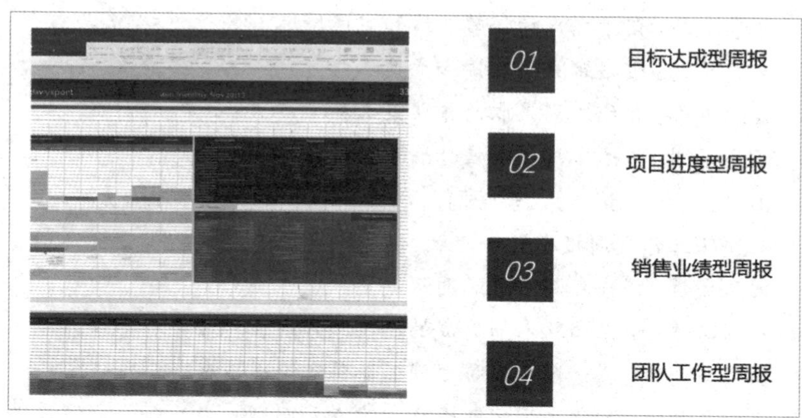

图 7.4　周报的 4 套模板

具体公式如下。

1. 目标达成型周报模板

本周工作目标：列出本周计划完成的主要工作目标。

工作进展：详细描述本周完成的工作内容和进展情况。

遇到的问题：记录本周遇到的问题和困难。

解决方案：提供解决问题的方法和措施。

下周计划：列出下周的工作计划和目标。

附件：可添加图表或数据来支持工作进展。

2. 项目进度型周报模板

项目名称：明确汇报的项目名称。

本周进展：记录项目本周的进展情况，包括已完成的阶段、遇到的问题等。

下周计划：描述下周的工作计划和预期完成的任务。

风险评估：列出项目可能面临的风险，以及相应的应对措施。

项目资源：指明项目所需的资源和支持情况。

附件：可以添加项目进度图表或数据。

3. 销售业绩型周报模板

本周销售目标：明确本周销售的目标和指标。

销售业绩：记录本周的销售业绩和完成情况。

客户反馈：汇报客户的反馈和意见。

销售策略：介绍本周采取的销售策略和推广活动。

下周计划：描述下周的销售计划和预期目标。

附件：可添加销售数据和图表。

4. 团队工作型周报模板

团队成员：列出参与汇报的团队成员。

本周工作：记录团队本周完成的主要工作内容和任务。

协作与沟通：描述团队成员之间的协作和沟通情况。

难点与解决：列出本周团队面临的难点和问题，以及解决方案。

下周计划：指明团队下周的工作计划和目标。

附件：可添加团队成员的贡献和表现。

为了便于理解，下面直接假定关键信息，用人工智能一键生成。

周报编写者：市场销售部门经理。

本周工作进度：完成了市场营销部的策划和执行，拓展了客户群体，与合作伙伴保持良好沟通。

销售业绩：总销售额 760 万元，新客户订单 470 个，既有客户订单 3246 个。

先套用目标达成型周报模板，关键信息如下。

本周工作目标：完成市场营销部的策划和执行，拓展新客户群体，维系老客户关系。

工作进展：销售业绩总销售额 760 万元，新客户订单 470 个，老客户订单 3246 个。

遇到的问题：竞争对手增加，且存在恶意压价问题。

解决方案：将服务质量放在第一位，积极维系老客户，让老客户裂变出新客户。

下周计划：业绩提升最少 10%。

附件：暂无。

对文心一言输入如下内容。

针对上述信息，帮我生成一份市场销售部门经理的周报。

文心一言输出如下。

周报——市场销售部门经理

日期：××××年××月××日至××月××日

一、本周工作目标

本周市场营销部的主要目标是完成市场营销部的策划和执行，拓展新客户群体，维系老客户关系。

二、工作进展

策划和执行：本周我们成功完成了市场营销部的各项策划和执行工作，包括市场调研、目标客户分析、推广活动策划等。

新客户拓展：本周我们成功拓展了 470 个新客户，达到了我们的预期目标。

老客户维系：本周我们还成功维系了 3246 个老客户，通过提供优质的服务和及时的售后支持，提高了客户的满意度和忠诚度。

三、销售业绩

本周我们的总销售额达到了 760 万元，其中新客户订单 470 个，老客户订单 3246 个。这个成绩是我们整个团队共同努力的结果。

四、遇到的问题

在本周的工作中，我们遇到了一些问题，其中最主要的问题是竞争对手的增加，以及他们采用的恶意压价策略。这对我们的业务产生了一定的影响。

五、解决方案

为了应对这个问题，我们将采取以下措施：

提高服务质量：我们将把服务质量放在第一位，通过提供更优质的服务来吸引和留住客户。

积极维系老客户：我们将积极联系我们的老客户，了解他们的需求和反馈，以提高他们的满意度和忠诚度。

让老客户裂变出新客户：我们将通过优惠政策和推荐奖励等方式，鼓励我们的老客户介绍新客户给我们。

六、下周计划

下周我们的主要目标是提升业绩，最少提高 10%。我们将通过加强市场调研、优化销售策略、提高服务质量等方式来实现这个目标。

七、附件

暂无。

套用项目进度型周报模板，关键信息如下。

项目名称：销售部营销策划 A 计划。

本周进展：销售业绩总销售额 760 万元，新客户订单 470 个，老客户订单 3246 个，竞争对手增加，存在恶意压价问题，所以任务不及预期。

下周计划：销售额度最少提升 10%，对于销售部门员工采取新一轮的激励政策。

风险评估：竞争对手恶意扰乱市场，对当下销售市场氛围存在极大破坏。

项目资源：销售部和研发组成立了应急小组，已提供服务质量来保基本盘，同时采取裂变模式来拉新客户。

附件：暂无。

对文心一言输入如下内容。

针对上述信息，帮我生成一份市场销售部门经理的周报。

文心一言输出如下。

周报-市场销售部门经理

日期：××××年××月××日至××月××日

一、项目名称

销售部营销策划a计划。

二、本周进展

销售业绩：本周我们的总销售额达到了 760 万元，其中新客户订单 470 个，老客户订单 3246 个。尽管我们取得了一定的销售业绩，但由于竞争对手的增加和恶意压价问题，我们的任务并未达到预期目标。

竞争对手情况：本周我们的竞争对手增加了，而且存在恶意压价的问题，这对我们的业务产生了一定的影响。我们需要采取措施来应对这个问题。

三、下周计划

销售额度提升：下周我们的主要目标是提升销售额度，最少提升 10%。我们将通过加强市场调研、优化销售策略、提高服务质量等方式来实现这个目标。

员工激励政策：为了激发销售部门员工的工作积极性和创造力，我们将采取新一轮的激励政策。具体政策将在下周制定并公布。

四、风险评估

竞争对手的恶意扰乱市场对我们的销售市场氛围产生了极大的破坏，这可能会对我们的业务产生长期的影响。我们需要采取措施来应对这个问题，保护我们的市场和客户。

五、项目资源

为了应对竞争对手恶意扰乱市场的行为，销售部和研发组已经成立了应急小组，通过提供优质的服务来保住基本盘，同时采取裂变模式来拉新客户。我们将充分利用这些资源来实现我们的目标。

六、附件

暂无。

套用销售业绩型周报模板，关键信息如下。

本周销售目标：本周销售目标营销总额 800 万元，客户订单 4000+。

销售业绩：总销售额 760 万元，新客户订单 470 个，老客户订单 3246 个，不及预期。

客户反馈：部分客户反馈其他公司的销售给予优惠价格或采用节假日促销方式来让用户获得实惠。

销售策略：职场竞争加大，内卷严重，部分同行搞恶性竞争。我们在维持基本盘的前提下，尽可能推动服务质量，用服务质量价值观来打败低客单价价值观。

下周计划：销售部与研发部成立应急小组，保证服务每一位客户的质量。

附件：暂无。

对文心一言输入如下内容。

针对上述信息帮我生成一份市场销售部门经理的周报。

文心一言输出如下。

周报-市场销售部门经理

日期：××××年××月××日至××月××日

一、本周销售目标

本周销售目标是营销总额达到 800 万元，客户订单数量超过 4000 个。

二、销售业绩

本周我们的总销售额为 760 万元，新客户订单 470 个，老客户订单 3246 个，未能达到预期目标。

三、客户反馈

部分客户向我们反馈，其他公司的销售人员在销售过程中给予了优惠价格或者在节假日采用促销方式，让用户获得实惠。这对我们的销售产生了一定的影响。

四、销售策略

当前职场竞争加大，内卷现象严重，部分同行采用恶性竞争的方式来获取市场份额。在这种情况下，我们将在维持基本盘的前提下，尽可能推动服务质量，用服务质量价值观来打败低客单价价值观。我们将通过提供优质的服务、及时的售后支持，以及专业的产品知识来赢得客户的信任和支持。

五、下周计划

为了应对当前的竞争形势，销售部与研发部将成立应急小组，来保证高质量服务每一位客户。我们将通过加强团队协作、提高服务标准和优化销售策略等方式来提高我们的服务质量。同时，我们也将加强对市场和客户的了解和分析，以制定更加精准的销售策略。

六、附件

暂无。

套用团队工作型周报模板，关键信息如下。

团队成员：市场销售部门经理及销售部 47 位员工。

本周工作：推广公司产品，且达到总销售额 760 万元，新客户订单 470 个，老客户订单 3246 个。

协作与沟通：所达业绩不如预期，本周业绩明显降低，员工内耗情绪加重。在本周日开一次团建，尽可能缓解员工焦虑情绪。

难点与解决：市场竞争加剧，同行恶意压价导致竞争激烈，采用高质量的服务来抵消恶意竞争的价格差，用老用户介绍新用户模式，做市场裂变。

下周计划：最少实现 10% 的销售额提升。

附件：暂无。

对文心一言输入如下内容。

针对上述信息帮我生成一份市场销售部门经理的周报。

文心一言输出如下。

周报-市场销售部门经理

日期：××××年××月××日至××月××日

一、团队成员

市场销售部门共有 48 位员工，其中包括市场销售部门经理和销售部 47 位员工。

二、本周工作

本周我们的主要工作是推广公司产品，并达到总销售额 760 万元，新客户订单 470 个，老客户订单 3246 个。尽管我们取得了一定的销售业绩，但由于市场竞争的加剧和同行恶意压价的问题，我们的业绩并未达到预期目标。

三、协作与沟通

由于本周业绩明显降低，员工内耗情绪加重。为了缓解员工的焦虑情绪，我们将在本周日组织一次团建活动，增强团队凝聚力和协作精神。同时，我们也将加强与员工的沟通和交流，了解他们的需求和反馈，以制定更加精准的销售策略。

四、难点与解决

市场竞争的加剧和同行恶意压价导致竞争激烈，这对我们的业务产生了一定的影响。为了应对这个问题，我们将采用高质量的服务来抵消恶意竞争的价格差，用老用户介绍新用户模式，做市场裂变。我们将通过提供优质的服务、及时的售后支持，以及专业的产品知识来赢得客户的信任和支持，并鼓励我们的老客户介绍新客户给我们。

五、下周计划

下周我们的主要目标是提升销售额度，最少提升 10%。我们将通过加强市场调研、优化销售策略、提高服务质量等方式来实现这个目标。同时，我们也将加强对市场和客户的了解和分析，以制定更加精准的销售策略。

六、附件

暂无。

注意： 第 1 点，无论是用文心一言写周报还是月报，其整体流程相差不大，根据给出的对应公式，在公式中填充关键信息即可，为了避免过多的文字叙述，在月报中会精简相关公式，而公式通用模板也会做适当精简，我们可以同步比对用文心一言写周报即可。

第 2 点，无论是用文心一言写月报还是周报，最核心的一点是呈现数据。数据变化是我们需要重点铺垫的，比如任务的完成进度、事情的推进进展、市场销售业绩的整体行情、研发部门新产品推出的时间进度等，这些进度变化才是公司领导迫切需要知道的。

7.4 用文心一言写月报，人工智能一键生成

有了用文心一言写周报的经验，就可以直接用文心一言套用模板写月报。在此之前先讲解用文心一言写月报的四大模板，分别是综合工作月报模板、销售业绩月报模板、项目管理月报模板、部门绩效月报模板，如图 7.5 所示。

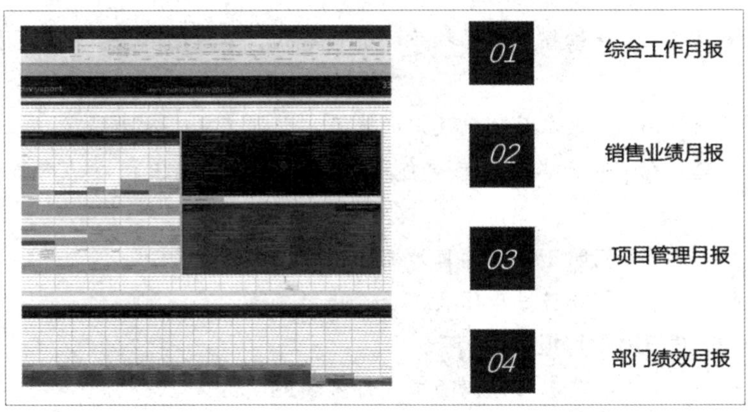

图 7.5　月报的四类模板

（1）综合工作月报模板。

月度工作总结：概述本月工作的整体完成情况和取得的成绩。

重点工作进展：详细描述本月完成的重点工作进展情况和达成的目标。

问题与建议：汇报本月遇到的问题，并提出相应的解决方案和改进建议。

下月计划：列出下月的工作计划和重点工作任务。

资源需求：说明完成下月工作所需的资源和支持。

附件：可添加图表、数据和项目成果展示等。

（2）销售业绩月报模板。

本月销售业绩：记录本月的销售业绩和达成情况，包括销售额、销售量等指标。

客户情况：汇报本月开发的新客户、客户反馈和满意度情况。

销售策略和活动：介绍本月采取的销售策略和活动推广效果。

问题与改进：列出本月销售过程中遇到的问题和改进措施。

下月计划：描述下月的销售计划和目标。

附件：可添加销售数据、图表和销售活动照片。

（3）项目管理月报模板。

项目概述：简要介绍所负责的项目，包括项目目标和背景。

本月进展：详细描述本月项目的进展情况，完成的阶段、问题和解决方案。

资源使用：汇报本月项目使用的资源，包括预算、人力等。

风险评估：列出本月项目可能面临的风险，并提出相应的风险管理计划。

下月计划：指明下月的项目计划和预期完成的任务。

附件：可添加项目进度图表、资源分配图等。

（4）部门绩效月报模板。

部门目标：明确本月部门的工作目标和KPI。

绩效达成：汇报本月部门的绩效指标完成情况。

问题与改进：记录本月遇到的问题和改进措施。

下月计划：描述下月部门的工作计划和目标。

资源需求：说明完成下月工作所需的资源和支持。

附件：可添加图表、数据和部门工作成果展示等。

为了便于理解，我们先假定如下关键信息，用人工智能一键生成。

月报编写者：市场销售部门经理。

本月工作进度：完成了市场营销部的策划和执行，拓展了客户群体，与合作伙伴保持良好沟通。

销售业绩：总销售额 3760 万元，新客户订单 1470 个，既有客户订单 13246 个。

套用综合工作月报模板，关键信息如下。

月度工作总结：完成了市场营销部制订的营销 A 计划和 B 计划拓展客户群体，与客户保持良好的工作进展。总营销额 3760 万元，新客户订单 1470 个，老客户订单 13246 个。

重点工作进展：营销部门 A 计划的新客户裂变模式大获成功，新客户订单从上个月的 1140 个直接递增到 1470 个；而 B 计划的营销方案也大获成功，总市场营销额达到了 3760 万元，为本年度营销额最高的一个月。

问题与建议：市场极度内卷，同行恶意竞争，我们用服务质量来打败恶意竞价行为，给客户一个好的体验。

下月计划：营销部门又新推出了 C 计划和 D 计划，我们争取下个月的业绩比本月增长 3%。

资源需求：销售部门人力资源明显匮乏，需要人事部门为销售部增添更多人力资源。

附件：可添加图表、数据和项目成果展示等。

对文心一言输入如下内容。

针对上述信息，帮我生成一份市场销售部门经理的月报。

文心一言输出如下。

市场销售部门经理月报

日期：××××年××月××日

一、月度工作总结

在过去的一个月里，我们的市场营销部门成功完成了 A 计划和 B 计划的推广，旨在拓展客户群体并与客户保持良好的工作关系。在此期间，我们取得了以下成绩：

总营销额：3760 万元

新客户订单：1470 个

老客户订单：13246 个

二、重点工作进展

营销部门 A 计划的新客户裂变模式取得了巨大成功。新客户订单从上个月的 1140 个直接递增到 1470 个，增长势头强劲。

B 计划的营销方案也取得了巨大成功，使总市场营销额达到了 3760 万元，这是本年度营销额最高的一个月。

三、问题与建议

当前市场极度内卷，同行之间存在恶意竞争。针对这一问题，我们建议通过提高服务质量来打败恶意竞价行为，为客户提供一个优质的体验。

四、下月计划

营销部门已经推出了新的 C 计划和 D 计划。我们的目标是下个月的业绩比本月增长 3%。

五、资源需求

当前销售部门的人力资源明显匮乏，为了支持销售业务的持续增长，我们需要人事部门为销售部增添更多的人力资源。

附件：图表、数据和项目成果展示等。

[请在此处插入图表和数据]

其余三个模板就不再一一套用关键信息了，大家感兴趣的可以自行生成一下。

7.5 用文心一言写年终总结，完美总结辛苦的一年

辛苦工作一年究竟做了什么工作？做出了哪些业绩？有哪些地方还存在不足之处？……这些都需要进行年终总结，既是对过去一年的复盘，同时也包括对未来一年的美好展望，更重要的是如果年终总结写得好，

也很容易获得领导的重视。

曾经看过一个同事的年终总结，基本是泛泛而谈，而后直接递交到领导面前，领导扫了一眼就丢到桌上了。当时领导一脸不悦，用他的话说，这样的年终总结就是对自己不负责任。可想而知，这样的工作态度怎么可能得到领导的青睐？

一份合格的年终总结最少要有以下 10 个关键信息，分别是工作目标和计划回顾、工作成绩和业绩、团队合作与领导、克服困难和挑战、自我提升和学习、专业发展和职业规划、对公司或部门的贡献、反思和改进、感谢和展望、个人感悟，如图 7.6 所示。

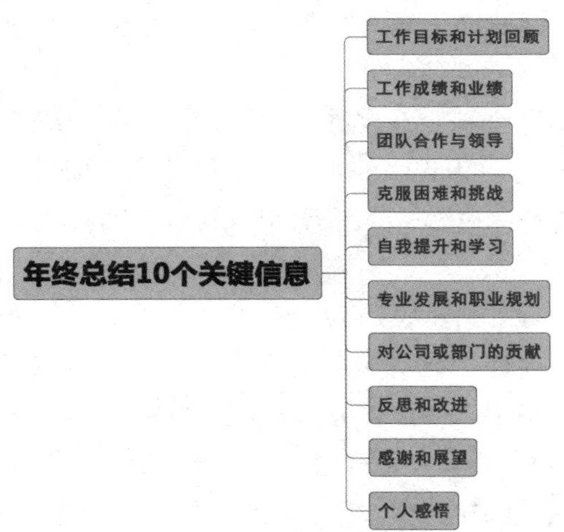

图 7.6　年终总结的 10 个关键信息

为了便于理解，笔者总结了一套公式，内容如下。

1. 工作目标和计划回顾：年初设定的工作目标和计划 + 具体内容和预期结果。

2. 工作成绩和业绩：整年工作成绩和业绩 + 完成的项目、任务、里程碑 + 相关数据和指标。

3. 团队合作与领导：在团队合作中的角色和贡献 + 是否领导团队或参与协作项目 + 与同事合作情况。

4. 克服困难和挑战：工作中遇到的困难、挑战和问题 + 应对和解决方法。

5. 自我提升和学习：过去一年中的学习和发展计划 + 学习成果对工作的影响。

6. 专业发展和职业规划：个人职业发展规划和目标 + 新的职业技能和知识需求。

7. 对公司或部门的贡献：对公司或部门发展的贡献 + 带来的效益、节约的成本、改进的流程等。

8. 反思和改进：工作表现的反思 + 成功经验和失误教训 + 未来改进计划和建议。

9. 感谢与展望：向上级、同事和团队表达感谢 + 对他们的支持和帮助表示感激 + 来年的工作展望。

10. 个人感悟：过去一年中对工作、生活或职业的感悟和体会。

写年终总结，只需把上述内容按顺序填进去即可。为了便于理解，笔者将自己 2022 年年终总结中的部分关键信息填入上述公式，给大家展示一下。

1. 工作目标和计划回顾：出版自己的第一本书，年营销总额 50 万元，给公司员工发放年终奖 10 万元，公司净利润超过 20 万元。

2. 工作成绩和业绩：出版两本图书，分别是《写作赋能与快速变现》和《结构化写作》，加入当地作协，公司年营销总额突破 60 万元，给员工发放年终奖超过 15 万元，公司净利润刚好 20 万元达标，带团队成员去北京、石家庄等多地团建。

3. 团队合作与领导：公司内部内容生产小组和营销小组两个小组处于合作竞争状态。营销小组的营销额明显不足预期，内容生产小组的输出能力要远超预期。

4. 克服困难和挑战：公司两位老员工离职，运营出现问题，恰逢年底疫情解封，公司内部矛盾加大，以团建和增加激励的方式稳住了企业发展。

5. 自我提升和学习：学习了抖音、快手、小红书等多平台店铺运营模式，将公司产品从线下转移到线上。

6. 专业发展和职业规划：预计在 2023 年出书超过 5 本，打造个人 IP，为公司发展持续贡献力量。

7. 对公司或部门的贡献：调节公司内部矛盾，通过发放奖金的方式激励员工成长。

8. 反思和改进：与老员工沟通过程中存在部分问题，利益分配存在挑战，需搭建更好的利益分配平台和渠道，让新员工有干劲，老员工有冲劲。

9. 感谢与展望：认可员工贡献，感谢合作伙伴。

10. 个人感悟：机会就在眼前，想抓得住就得肯吃苦。

对文心一言输入如下内容。

针对上述信息，帮我生成一份年终总结。

文心一言输出如下。

在过去的一年里，我们经历了许多令人难忘的瞬间和收获了许多宝贵的经验。回顾这一年的发展历程，我们不禁为自己的成就感到自豪，同时也深知我们还面临许多挑战。以下是我们在各个方面的年终总结。

在出版方面，去年我们成功推出了自己的第 1 本书，年营销总额达到了 50 万元。这一成绩让我们备受鼓舞，也为我们今年的发展奠定了坚实的基础。今年，我们又推出了两本新书，《写作赋能与快速变现》和《结构化写作》。这些书籍的出版不仅丰富了我们的产品线，也进一步提升了我们的品牌形象。此外，我们还加入了当地作协，与同行建立了更紧密的联系，为未来的发展提供了更多的机会。

在团队建设方面，我们一直注重员工的成长和福利。今年，我们给员工发放了超过 15 万元的年终奖，公司净利润也刚好达标，达到了 20 万元。这些成果离不开每一位员工的辛勤付出和团队的合作精神。为了增强团队的凝聚力和员工的归属感，我们还组织了多次团队建设活动。我们去了北京、石家庄等多个城市进行团建，让员工们在轻松的氛围中加深彼此的了解和信任。

在业务方面，我们的公司内部有两个小组，分别是内容生产小组和营销小组。虽然营销小组的营销额不足预期，但内容生产小组的输出能力却远超预期。他们创作了许多高质量的内容，赢得了读者和市场的认可。我们也在今年学习了抖音、快手、小红书等多个平台的店铺运营模式，将公司产品从线下转移到线上，为公司的未来发展奠定了坚实的基础。

然而，我们在今年也遇到了一些挑战。两位老员工的离职给我们的运营带来了一些问题，内部矛盾也有所加大。但我们并没有被这些困难所击败，反而通过团建和增加激励的方式，成功地稳住了企业的发展。我们也意识到了在员工沟通和利益分配方面存在的问题，将在未来搭建更好的平台和渠道，让新员工有干劲，老员工有冲劲。

展望未来，我们有许多的计划和目标。我们预计在 2023 年出版超过 5 本书，打造个人 IP，为公司的发展持续贡献力量。我们也将继续调节内部矛盾，通过发放奖金等方式激励员工的成长。我们相信机会就在眼前，只有肯吃苦才能抓住它。我们将继续保持创业精神和创新能力，不断开拓新的市场和业务领域。

最后，我们要感谢所有员工的贡献和合作伙伴的支持，是你们的努力让我们取得了今天的成就。在新的一年里，让我们携手共进，创造更加辉煌的未来！我们相信在大家的共同努力下，我们的企业将会迎来更加美好的明天。

10 **继续对文心一言调试。**

优化上述年终总结，筛选关键信息，让内容更具条理性。

文心一言输出如下。

在过去的一年里，我们在出版、团队建设和业务方面取得了许多成果，同时也面临了一些挑战。以下是我们在各个方面的年终总结。

一、出版方面

成功出版了三本图书，分别是《写作赋能与快速变现》《结构化写作》和《在线小说写作与商业化运营》。

年营销总额达到 50 万元，突破了 60 万元。

加入了当地作协，与同行建立了更紧密的联系。

二、团队建设方面

给员工发放了超过 15 万元的年终奖，公司净利润也刚好达标，达到了 20 万元。

组织了多次团队建设活动，增强了团队凝聚力和员工归属感。

面临了两位老员工离职的问题，通过团建和增加激励的方式稳住了企业发展。

三、业务方面

内容生产小组的输出能力远超预期，创作了许多高质量的内容。

学习了多个平台的店铺运营模式，将公司产品从线下转移到线上。

营销小组的营销额不足预期，未来需加强营销能力。

四、未来展望

预计在 2023 年出版超过 5 本书，打造个人 IP，为公司的发展持续贡献力量。

调节内部矛盾，通过发放奖金等方式激励员工成长。

搭建更好的平台和渠道，让新员工有干劲，老员工有冲劲。

保持创业精神和创新能力，不断开拓新的市场和业务领域。

最后，感谢所有员工的贡献和合作伙伴的支持，是你们的努力让我们取得了今天的成就。在新的一年里，让我们携手共进，创造更加辉煌的未来！

第 8 章

轻松职场——那些让效率飞起来的小程序

本章是人工智能+职场小程序的结合体，通过人工智能做时间管理、日程管理、会议安排管理。但问题的关键在于，人工智能更倾向于生成文字，生成文字之后还需要有对应的程序载体。

8.1 时间管理的奇迹——掌握时间就是掌握效率

时间管理是一门学问，其重要性如今已经深入人心，尤其对于职场精英来说，善于管理时间就意味着可以做出更大的成绩，享受更好的人生。对于职场人士来说，做好时间管理有以下三大目的，如图 8.1 所示。

提高效率

通过对时间的合理分配，保证个人在最短时间内完成更多任务。

优化资源利用

有效的时间管理可以优化时间资源及其他资源的利用率。

防止事件遗忘

每天要处理的事件太多，做好时间管理可以防止遗漏重要事件。

图 8.1　时间管理的三大目的

其一，提高效率。时间管理做得越好，工作效率越高，对时间的合理分配，能够让个人在最短时间内完成更多任务。

其二，优化资源利用。职场中每个人获得的资源不同，这些资源中最宝贵的是时间资源。有效的时间管理可以优化时间资源及其他资源的利用率，包括但不限于人力资源、财力资源、物力资源……更好地规划和分配任务，就能更大限度将资源转化为成果。

其三，防止事件遗忘。越是身居高位的人，需要处理的任务就越多，这就需要做好时间管理，防止某些重要任务被漏掉。

那么，在职场办公的过程中，应该如何高效地管理自己的一天呢？根据笔者的工作经验，可将其分为 4 个步骤，如图 8.2 所示。

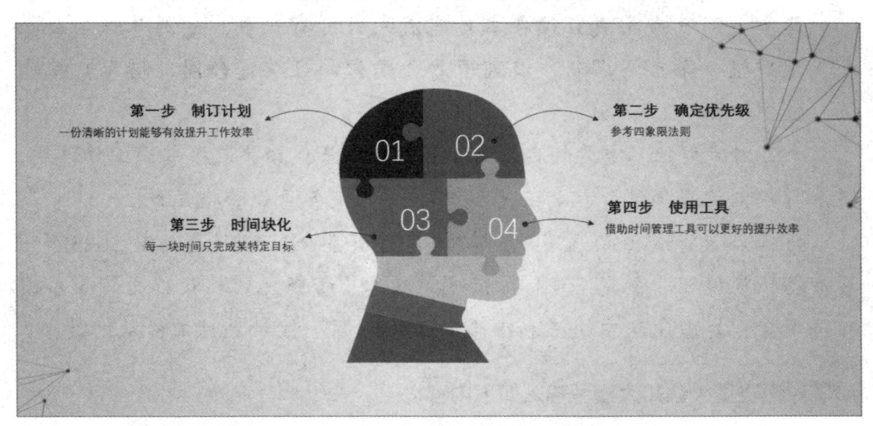

图 8.2　时间管理的 4 个步骤

第 1 步——制订计划。工作前花几分钟时间，制订一份清晰可执行的计划，罗列出个人当天需要完成的各种任务。

第 2 步——确定优先级。可以参考四象限法则，确定不同工作任务的优先级，从而让工作更有条理，便于找到工作重点。

第 3 步——时间块化。时间分块，每一块时间只完成某项特定目标，而不是在同一个时间段内完成多项目标。研究表明，人类的大脑并不擅长在同一时间处理多项任务。

第 4 步——使用工具。使用时间管理工具完成当日任务，并追踪目标是否达成。

在时间管理过程中，人工智能如何发挥作用呢？每个人的工作状态不同，每日需要完成的任务指标不同，所以人工智能的作用更多体现在时间分析方面，而且只能通过我们提供的数据做出符合人工智能逻辑的分析，未必能达到我们的期望值。因此，在借助人工智能做时间管理分析的同时，也需要我们主动介入，调整目标的耗费时长及最终的目标优先级排序。

为了更好地理解，我们假定以下关键信息。

今日是 2023 年 8 月 7 日，周一。

周一需要完成 15 项任务，具体如下。

其中上周没有完成且须在本日完成的目标有 6 个，分别是做企业报表、做周报、做市场调研、追踪甲方合同意向且敲定合同、陪客户吃晚饭、报销单据。

今日需完成但不重要的目标有 4 个，分别是找领导汇报本周工作计划、联系打印机维修师傅、招聘三名销售员工、完善两款海报设计。

今日未必完成但必须有所行动的目标有 5 个，分别是制定 2023 年 9 月市场销售规划、制定 2023 年 11 月“双 11”营销规划、找公司领导层谈涨薪事宜、处理团队中小王和小李的矛盾问题、核对上月工资及绩效。

对讯飞星火认知大模型输入如下内容。

请针对上述信息，帮我做一份 2023 年 8 月 7 日的时间管理规划。

讯飞星火认知大模型输出如下。

时间管理规划：

1. 7:00—8:00 - 完成企业报表和周报。这两个任务需要花费较长时间，因此建议在早上精力最旺盛的时候进行。

2. 8:00—9:30 - 做市场调研。这个任务需要收集和分析数据，因此需要一定的专注力。

3. 9:30—12:00 - 完成追踪甲方合同意向并敲定合同。这个任务需要与客户进行沟通，因此建议在上午工作效率最高的时候进行。

4. 12:00—13:00 - 陪客户吃午饭。这个任务主要是为了维护客户关系，因此可以在午餐时间进行。

5. 13:00—15:00 - 制定 2023 年 9 月市场销售规划和制定 2023 年 11 月“双 11”营销规划。这两个任务需要对市场进行预测和规划，因此建议在下午工作效率最高的时候进行。

6. 15:00—17:00 - 处理团队中小王和小李的矛盾问题、核对上月工资及绩效。这个任务需要解决团队内部的问题，因此建议在下午进行。

7. 17:00—18:30 - 找领导汇报本周工作计划。这个任务是为了向领导汇报工作进度，因此建议在下班前的时间进行。

8. 18:30—20:00 - 完善两款海报设计。这个任务需要创新思维和艺术感，因此可以在这个时间段进行。

9. 20:00—21:30 - 联系打印机维修师傅。这个任务是技术性的，因此可以在晚上的空闲时间进行。

10. 21:30—22:30 - 招聘三名销售员工。这个任务需要大量的信息收集和筛选，因此可以在晚上的空闲时间进行。

11. 22:30—23:00 - 找公司领导层谈涨薪事宜。这个任务涉及个人利益，因此可以在晚上的时间进行。

接下来需要结合真实情况对讯飞星火认知大模型做调试。

对讯飞星火认知大模型输入如下内容。

找公司领导层谈涨薪事宜，必须在 16:00—16:30 进行。

陪客户吃饭必须在 20:00—22:00 进行。

完善两款海报设计，必须在 9:00—10:00 进行。

请针对上述补充信息，重新帮我设计一份时间管理规划。

讯飞星火认知大模型输出如下。

时间管理规划如下：

1. 9:00—10:00 - 完善两款海报设计。这个任务需要创新思维和艺术感，因此建议在精力最旺盛的早上进行。

2. 10:00—12:00 - 完成企业报表和周报。这两个任务需要花费较长时间，因此建议在上午工作效率最高的时间段进行，同时联系打印机维修师傅。

3. 13:00—15:00 - 做市场调研。这个任务需要收集和分析数据，因此需要一定的专注力。

4. 15:00—17:00 - 制定 2023 年 9 月市场销售规划和制定 2023 年 11 月"双 11"营销规划。这两个任务需要对市场进行预测和规划，因此建议在下午工作效率最高的时间段进行，并找领导汇报工作和洽谈涨薪事宜。

5. 20:00—22:00 - 陪客户吃饭。这个任务主要是为了维护客户关系，因此可以在晚餐时间进行。

6. 22:00—23:30 - 招聘三名销售员工。这个任务需要大量的信息收集和筛选，因此可以在晚上的空闲时间进行。

7. 23:30—凌晨 1:00 - 处理团队中小王和小李的矛盾问题、核对上月工资及绩效。这个任务需要解决团队内部的问题，因此建议在晚上的时间进行。

这样的时间规划可以确保所有的任务都能得到充分的关注和完成，同时也避免了过度劳累。

接下来需要对人工智能生成的时间管理规划再做简单调试。有一些规划任务人工智能没有提及，有一些规划任务人工智能的时间设计出现了问题，需要结合个人真实情况做修改。这一部分修改不做过多讲解，毕竟每个人的实际工作情况不同。

假定上述方案就是 2023 年 8 月 7 日需要完成的时间管理规划，那该借助哪些时间管理软件来提高效率呢？这里简单介绍 3 款软件，如图 8.3 所示。

图 8.3　3 款时间管理软件

软件一　滴答清单

可在计算机客户端打开滴答清单官网进行下载。注意滴答清单的使用方式一共有 10 种以上，基本囊括了目前常用的各种设备的下载，是时间管理类软件中性价比较高的软件之一，如图 8.4 所示。

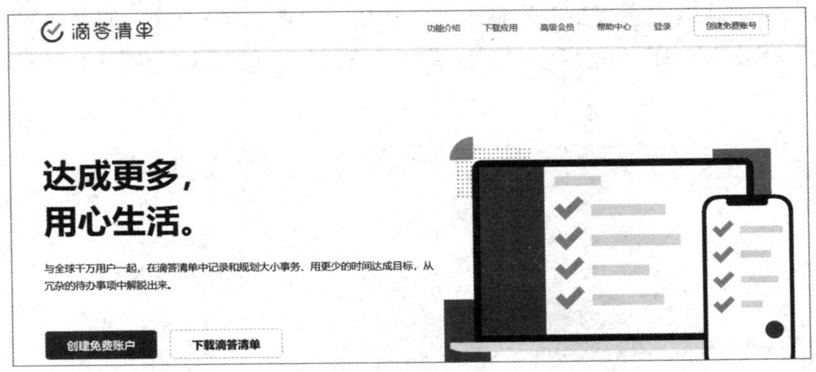

图 8.4　滴答清单官网首页截图

下载完成后可打开首页进行登录，可通过微博、QQ或微信登录，如图 8.5 所示。

单击主界面左上方的“今天”，在主界面的输入栏中输入今日需要完成的任务和时间，即可做好时间管理规划，如图 8.6 所示。

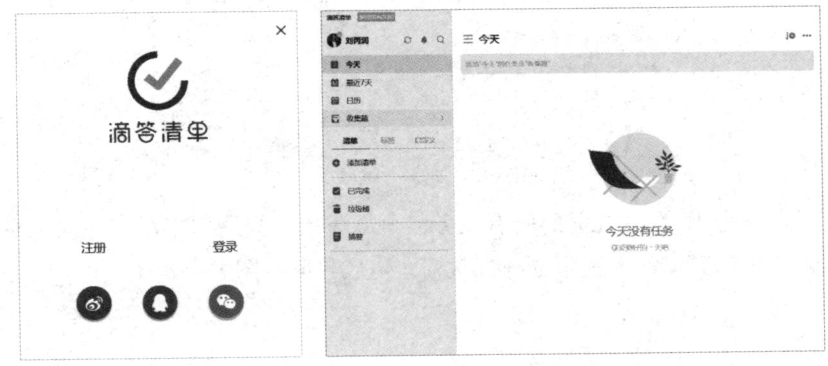

图 8.5　滴答清单登录界面　　　　图 8.6　滴答清单主界面

假定输入内容如下。

8:00 完善两款海报设计

9:00 制定市场销售规划

10:00 做企业报表

11:30 做周报

将上述内容直接复制到输入栏，然后在“批量添加任务”的弹出界面中，单击“添加”，就可以一键生成今日份任务，如图 8.7、图 8.8 所示。

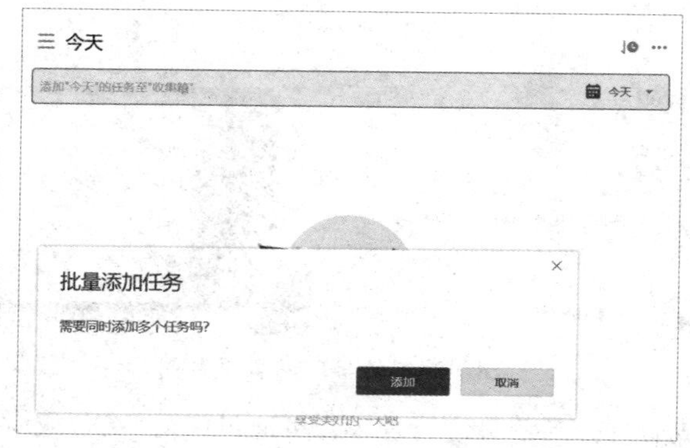

图 8.7　批量添加任务

图 8.8　任务一键生成

再假定 10 点及之前的所有任务已全部完成，只剩周报没有完成，在上述三个任务前的方框中全部打对钩，生成界面如图 8.9 所示。

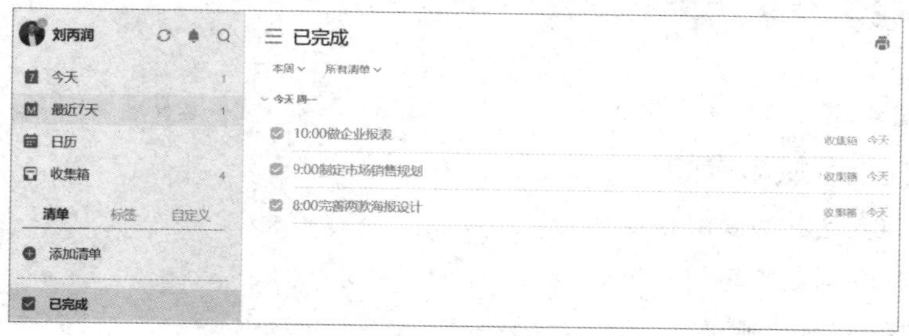

图 8.9　任务生成界面

在滴答清单左侧，单击“已完成”按钮，即可查看今日已完成的部分任务。

接下来讲解一下滴答清单的优缺点，如图 8.10 所示。

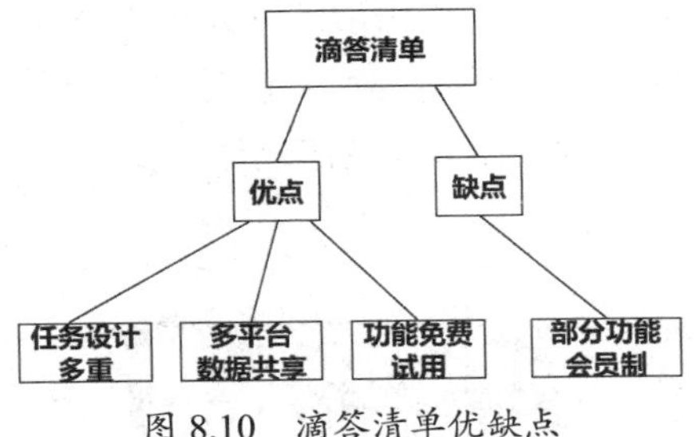

图 8.10　滴答清单优缺点

优点 1，滴答清单在任务板块界面的优势性能远超过部分时间管理软件，可以支持清单任务的多重设计及多平台登录。

优点 2，在跨平台登录界面的使用体验方面颇受好评，可以实现手机端、计算机端的同步数据沟通。

优点 3，部分功能是免费使用的，普通职场打工人在没有太多的职场办公任务诉求前，基础功能是能够满足时间管理需求的。

缺点：部分功能需要付费。滴答清单部分功能存在会员限制，想要更好的服务体验，往往需要用会员版模式。

但整体来看，作为一个存在市场 10 年左右的时间管理老牌软件，其页面清爽，功能不多但足够精细，几乎是零使用门槛。诸多优点使其在行业内基本可以说立于不败之地，在时间管理软件当中也占有至关重要的席位。

软件二　番茄ToDo

该款软件是手机App软件，其基本定位是简约清新的任务管理，主要侧重方向一般与学习、考研相关，但我们也可以借助其强大功能，用于职场时间管理。打开手机的软件商店，检索“番茄 ToDo”关键词，一键安装，如图 8.11 所示。

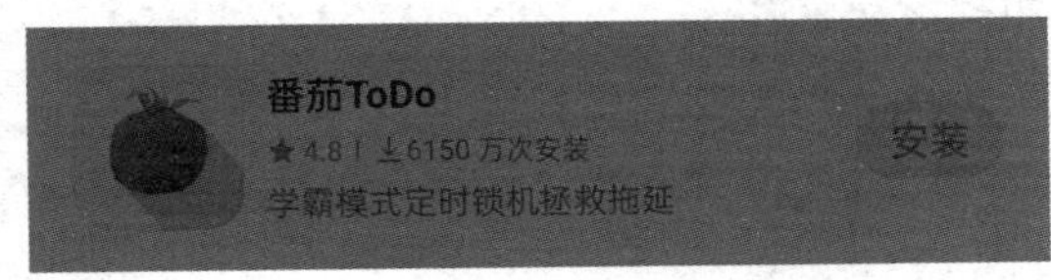

图 8.11　番茄 ToDo

在首次打开番茄ToDo界面时，会生成一个学习界面，单击进入，可分别查看待办、专注计时、记录和统计的相关使用功能，如图 8.12、图 8.13、图 8.14、图 8.15 所示。

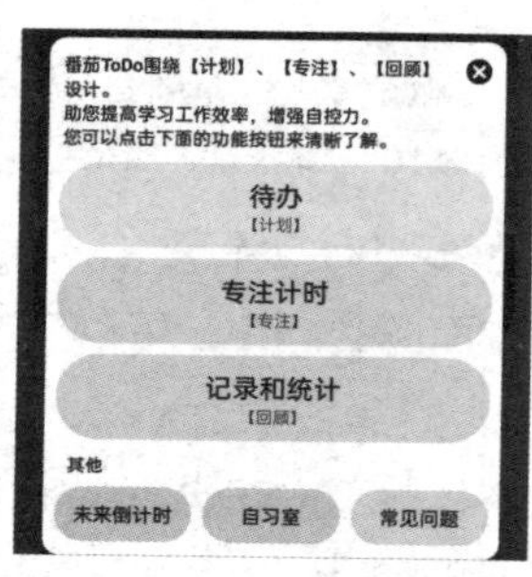

图 8.12　学习界面（一）

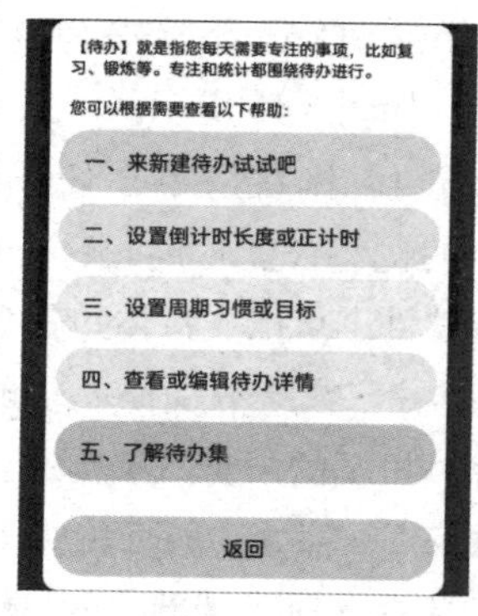

图 8.13　学习界面（二）

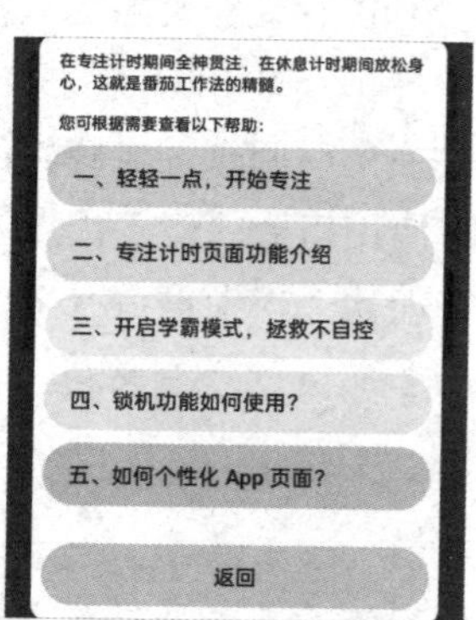

图 8.14　学习界面（三）

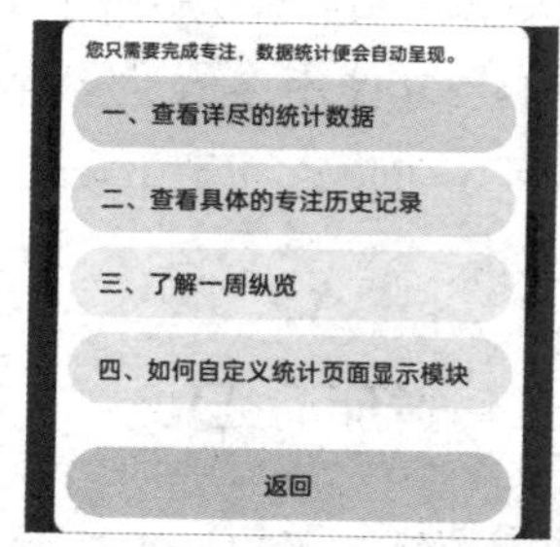

图 8.15　学习界面（四）

在了解完番茄ToDo后，按照滴答清单的模式输入 2023 年 8 月 7 日上午需完成的任务，总计 4 个。

8:00 完善两款海报设计

9:00 制定市场销售规划

10:00 做企业报表

11:30 做周报

先输入“完善两款海报设计”，海报设计的总耗费时间在一小时，计时为“倒计时”，所有的任务模式统一设置为“普通番茄钟”即可，如图 8.16 所示。

接下来如法炮制，把剩余 3 个任务填到番茄 ToDo 中。

单击“完善两款海报设计”的“开始”按钮，能够看到已经进入了倒计时，一小时过去后会有声音提示，如图 8.17、图 8.18、图 8.19 所示。

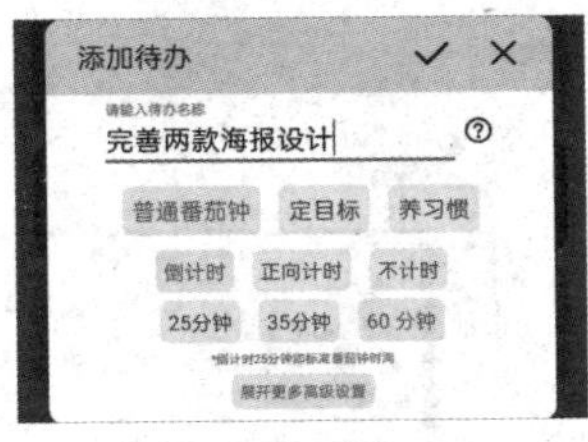

图 8.16　具体操作界面

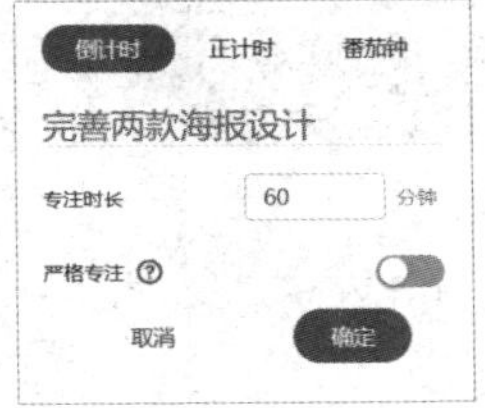

图 8.17　进入倒计时界面（一）

图 8.18　进入倒计时界面（二）

图 8.19　进入倒计时界面（三）

在番茄 ToDo 下方栏目组中有“待办集”，可以搭建一系列的待办任务的集合，让我们更方便地整理个人待办事项，如图 8.20、图 8.21、图 8.22 所示。

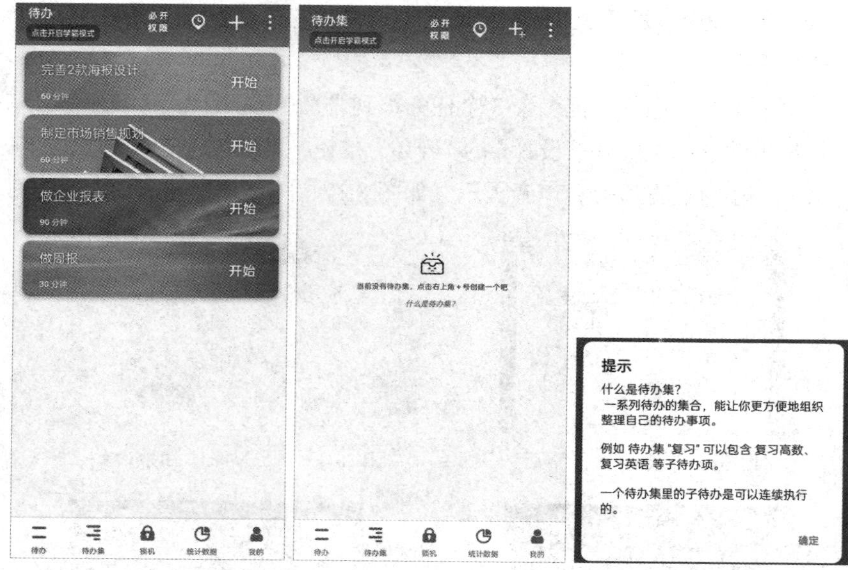

图 8.20　待办集界面（一）图 8.21　待办集界面（二）图 8.22　待办集界面（三）

“锁机”按钮可以帮助我们进行严格的自我控制，在完成任务的过程中，尽可能减少使用手机的时间，提高个人自律能力。

“统计数据”界面可以统计当日完成任务的累计专注时长、完成的任务及其他相关数据，如图 8.23 所示。

接下来简单讲解一下番茄 ToDo 的优缺点，如图 8.24 所示。

优点 1，对于重度拖延症的用户来说，番茄 ToDo 的功能非常优秀。开启学霸模式后，手机的部分娱乐平台将会被屏蔽，能节省大量时间，可大大提高效率，如图 8.25 所示。

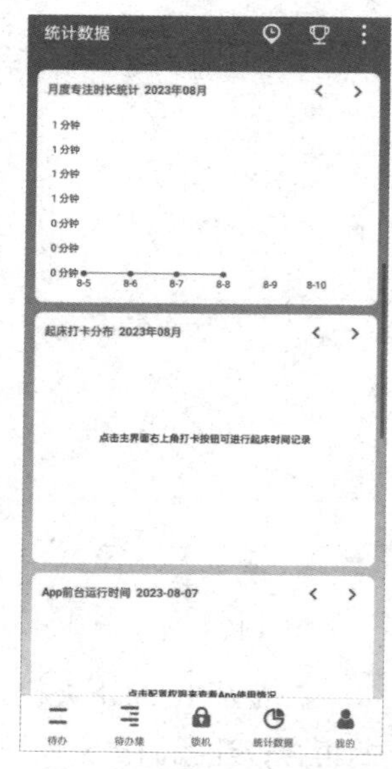

图 8.23　统计数据

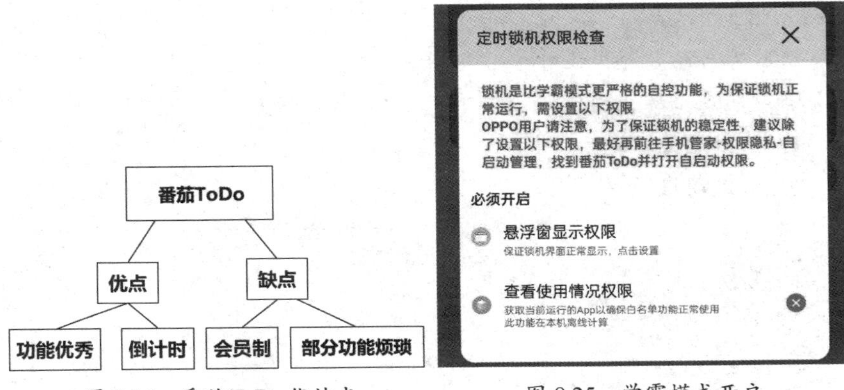

图 8.24　番茄 ToDo 优缺点　　　　图 8.25　学霸模式开启

优点 2，番茄 ToDo 的倒计时功能带来紧迫感，无论在指定时间内是否完成对应任务，都会给予提示，能起到很好的催促功效。

缺点 1，番茄 ToDo 需购买会员才能实现数据备份或多平台使用。

缺点 2，部分功能的操作相对烦琐，对新人来说使用门槛略高一些。

软件三　时光序

时光序有 4 种登录方式，为了便于讲解，仍然以计算机客户端模式来操作。时光序界面如图 8.26 所示。

图 8.26　时光序界面

下载并注册之后，打开主界面，在主界面左侧“全部”中选择“日程”，如图 8.27 所示。单击“8 月 7 日”右上角的“+”号，输入当日日程，如图 8.28 所示。

8:00 完善两款海报设计

9:00 制定市场销售规划

10:00 做企业报表

11:30 做周报

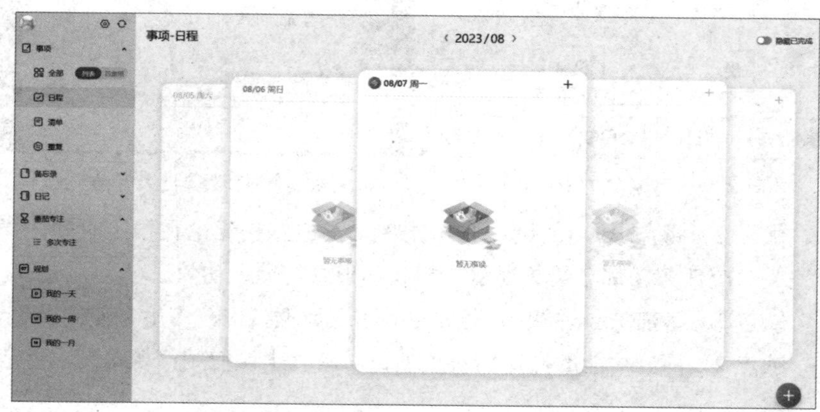

图 8.27　8 月 7 日日程（一）

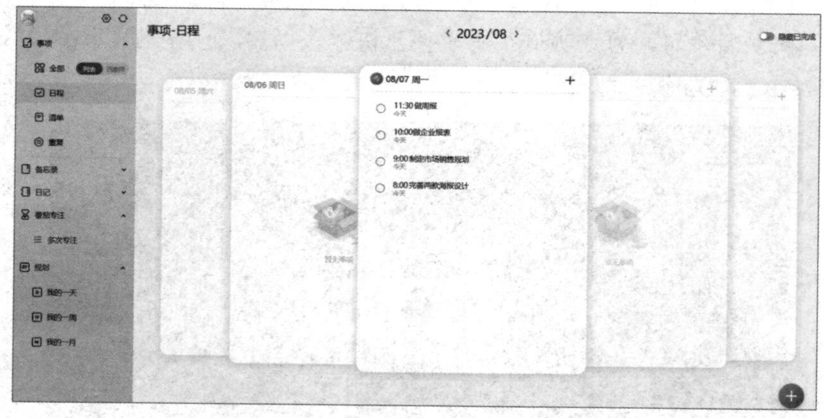

图 8.28　8 月 7 日日程（二）

完成某项任务后，在任务前的圆框中直接单击对钩即可，如图 8.29 所示。

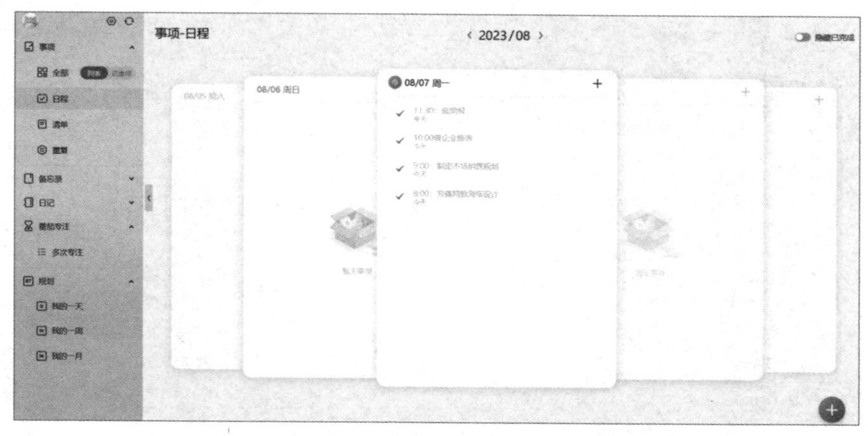

图 8.29　完成 8 月 7 日日程

在界面左侧有一个“番茄专注”功能，在设计倒计时时有一个“严格专注”按钮，如果我们单击该按钮并且一键确认的话，那么该项任务中间不能暂停，其执行起来会更具强制性，对于重度拖延症来说较为友好。

同理，时光序软件的优缺点，如图 8.30 所示。

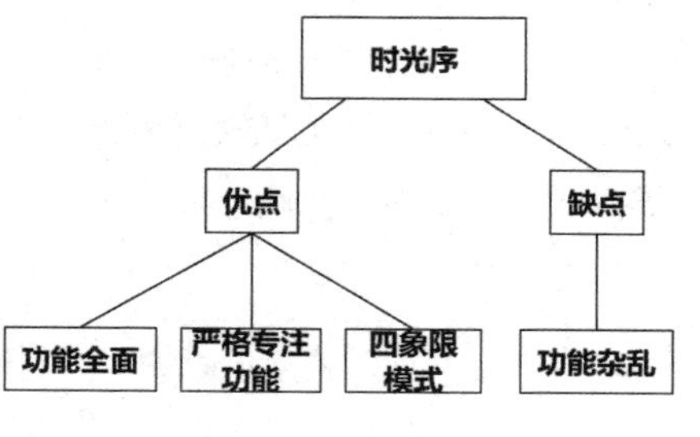

图 8.30　时光序优缺点

优点 1，界面囊括内容较多，功能较全面。

优点 2，“番茄专注”中的“严格专注”功能，对于重度拖延症来说非常友好。

优点 3，时光序可使用四象限模式做任务规划，使任务更加简洁明朗，轻重缓急更易区分，如图 8.31 所示。

缺点：功能太多太杂，对新手有一定的使用门槛。

除以上 3 款时间管理软件外，还有一些其他常见的时间管理软件，在此不做一一讲解。但时间管理类软件的整体操作流程大体相似，对于职场新人来说，优先使用免费软件，付费软件更倾向于企业管理端或特殊人员使用。

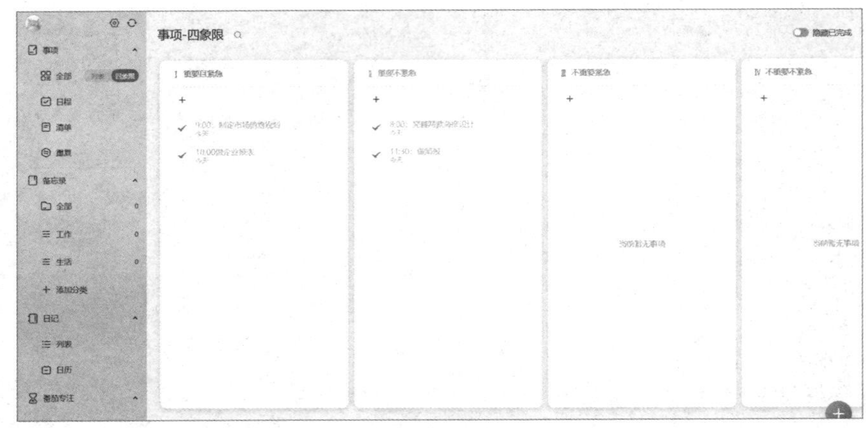

图 8.31 事项-四象限界面

8.2 高效日程管理——每日任务轻松安排

日程管理相较于时间管理而言，跨越维度更大，且一旦出现问题带来的损失更大。在职场办公过程中，笔者总结了关于做好日程管理的 5 项技巧，如图 8.32 所示。

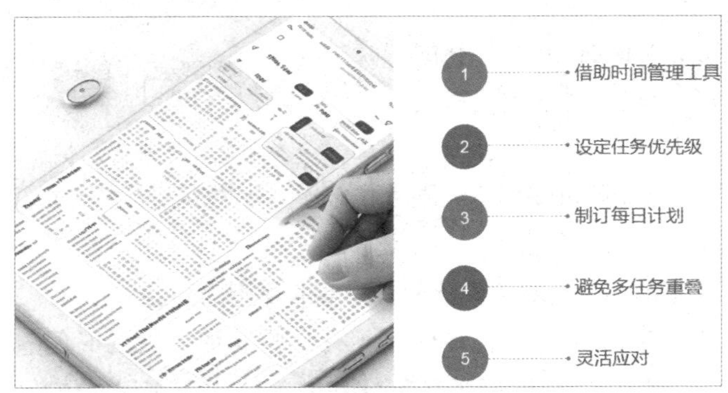

图 8.32 日程管理的 5 项技巧

技巧 1，借助时间管理工具。使用时间管理工具辅助日程管理，如今在职场已经非常普遍，能够很有效地提升日程管理效率。

技巧 2，设定任务优先级。有一些项目需要较长的工作周期，其中某些重要任务需要标记出来，优先处理。因此，在做日程规划过程中，要把日期单独标记出来，用来处理优先级高的任务。

技巧 3，制订每日计划。做好日程管理，一定要安排好每天的计划，并且按照事项的优先级处理。

技巧 4，避免多任务重叠。做日程规划时，一天可以安排多项任务，任务之间也可以存在重叠，但应避免过多任务重叠的情况，否则必然会导致某些任务无法完成的情况。

技巧 5，灵活应对。做日程规划时，因为周期较长、任务较多，很容易出现日程规划紊乱的情况，所以可以合理拒绝某些任务，也可以适当地把任务前置或后推。

那么，如何借助文心一言做日程管理呢？与 8.1 节中做时间管理规划相差不大，利用文心一言进行分析调试即可。只需要给文心一言提供足够的关键信息，就可以让其做出高效的日程规划。

假定 2023 年 9 月有如下任务。

完成海报设计、完成市场调研和宣发、配合营销部做市场宣发、做项目文档管理、人力资源配合管理、产品开发和研究、数据录入和整理、员工培训和教育、市场营销活动、会议安排任务、报告和分析、月底总结。

对文心一言输入如下内容。

请针对上述信息，帮我做一份为期 30 天的日程管理规划。

文心一言输出如下。

以下是一份为期 30 天的日程管理规划，根据您提供的任务进行了排序和分配。

第 1—5 天：

完成海报设计

制订海报设计计划

收集设计素材

设计初稿
反馈和修改
定稿和输出
第 6—10 天：
完成市场调研和宣发
制订市场调研计划
收集市场调研数据
分析市场调研结果
制订市场宣发计划
执行市场宣发计划
第 11—15 天：
配合营销部做市场宣发
与营销部沟通市场宣发计划
提供市场宣发素材
协助营销部执行市场宣发计划
跟踪市场宣发效果
反馈市场宣发效果和改进建议
第 16—20 天：
做项目文档管理
收集项目文档资料
整理项目文档资料
分类存储项目文档资料
制定项目文档管理制度
输出项目文档管理报告
第 21—25 天：
人力资源配合管理
与人力资源部门沟通人员需求
协助人力资源部门进行招聘和面试
参与员工培训和教育计划
跟踪员工绩效和表现

反馈员工绩效和改进建议
第 26—30 天：
产品开发和研究
收集产品开发需求和市场趋势
制订产品开发计划和目标
进行产品研究和设计
输出产品开发方案和建议书
跟踪产品开发进度和效果
数据录入和整理
收集数据资料和信息
整理数据资料和信息
分类存储数据资料和信息
制定数据管理制度和流程
输出数据管理报告和建议书
员工培训和教育
制订员工培训和教育计划
准备培训和教育素材和内容
执行培训和教育计划
跟踪培训和教育效果和改进建议
输出培训和教育报告和建议书
市场营销活动
制订市场营销活动计划和目标
准备市场营销活动素材和内容
执行市场营销活动计划
跟踪市场营销活动效果和改进建议
输出市场营销活动报告和建议书
会议安排任务、报告和分析、月底总结

10 **接下来对上述日程管理规划做二次调试，对文心一言输入如下内容。**

产品开发和研究需要 4 天时间，会议安排任务需要放在第 1 天，配合营销部做市场宣发需要放在第 26 天，帮我生成一份日程管理规划。

文心一言输出如下。

以下是根据您的要求重新生成的为期 30 天的日程管理规划。

第 1 天:

会议安排任务

安排会议时间和地点

确定会议议程和议题

准备会议材料和资料

通知与会人员并确认参会情况

第 2—5 天:

完成海报设计

制订海报设计计划

收集设计素材

设计初稿

反馈和修改

定稿和输出

第 6—10 天:

完成市场调研和宣发

制订市场调研计划

收集市场调研数据

分析市场调研结果

制订市场宣发计划

执行市场宣发计划

第 11—15 天:

做项目文档管理

收集项目文档资料

整理项目文档资料

分类存储项目文档资料

制定项目文档管理制度

输出项目文档管理报告
第 16—20 天：
人力资源配合管理
与人力资源部门沟通人员需求
协助人力资源部门进行招聘和面试
参与员工培训和教育计划
跟踪员工绩效和表现
反馈员工绩效和改进建议
第 21—25 天：
数据录入和整理
收集数据资料和信息
整理数据资料和信息
分类存储数据资料和信息
制定数据管理制度和流程
输出数据管理报告和建议书
第 26 天：
配合营销部做市场宣发（调整至第 26 天）
与营销部沟通市场宣发计划
提供市场宣发素材
协助营销部执行市场宣发计划
跟踪市场宣发效果
反馈市场宣发效果和改进建议
第 27—30 天：
产品开发和研究（调整为 4 天）
收集产品开发需求和市场趋势（第 27 天）
制订产品开发计划和目标（第 27 天）
进行产品研究和设计（第 28—29 天）
输出产品开发方案和建议书（第 30 天）
跟踪产品开发进度和效果（第 30 天）

不难发现，文心一言在生成与时间管理、日常管理相关内容时，非常擅长细节化处理内容。所以，如果我们有很复杂的日程管理规划，且需要一份极其详细的规划表，可以尝试用文心一言来一键输出，相比于其他人工智能而言更具优势。

假定文心一言生成的这份内容就是接下来一个月的日程安排，那么这份日程安排需要借助哪些软件更好地进行日程管理呢？这里介绍三款软件，分别是桌面日历、SeaTable、印象笔记。

软件一　桌面日历

桌面日历是目前笔者正在使用的日程管理软件，其最大优势在于“傻瓜式”操作，无须过多调试。在官网页面一键下载即可，如图 8.33 所示。

图 8.33　桌面日历界面

该界面操作非常简单，只需要在对应日期填写日常任务即可，如图 8.34 所示。

要注意，桌面日历现已更名为“日历清单”，不管名字如何，具体的使用流程是不变的。单击右上角的倒立三角形，选择“设置”，可以更改最大行数，最大行数为 1 至 30，其显示界面如图 8.35 ～图 8.38 所示。可以根据日程安排、日程规划及具体情况来设计其展示行数，也可以设置自启动模式，在计算机开机时直接启动。

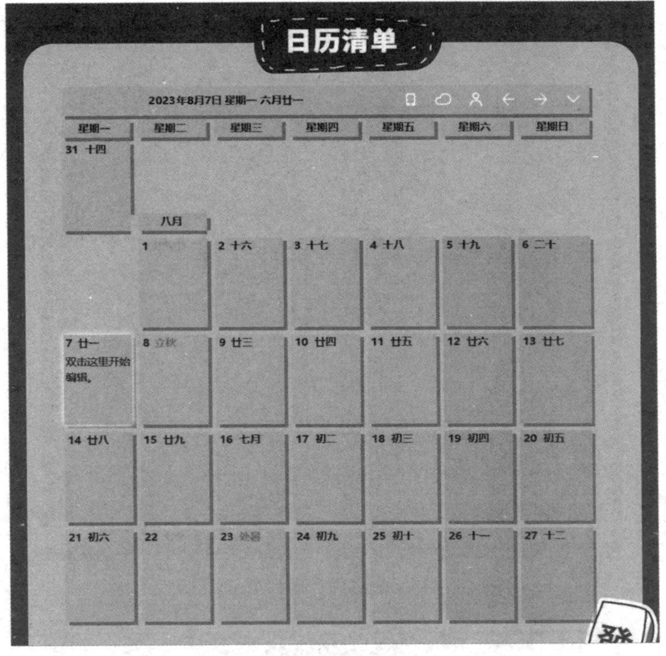

图 8.34 桌面日历操作界面(一)

图 8.35 桌面日历操作界面(二)

图 8.36 桌面日历操作界面(三)

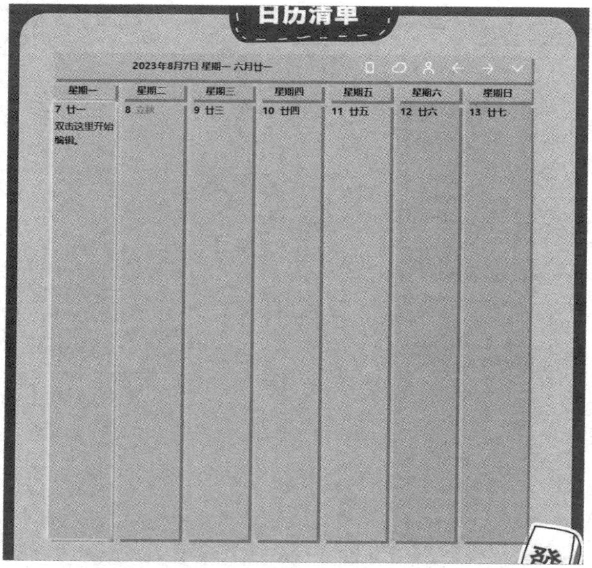

图 8.37　桌面日历操作界面（四）

图 8.38　桌面日历操作界面（五）

软件二　SeaTable

SeaTable是一款相对智能软件，主要用于实现一键式数字化平台，可以为职场、团队、企业搭建灵活的业务系统及软件应用。单击“立即注册”，在注册好后打开主界面。

在主界面可以直接使用其流程表格创建日程管理，如图 8.39 所示。

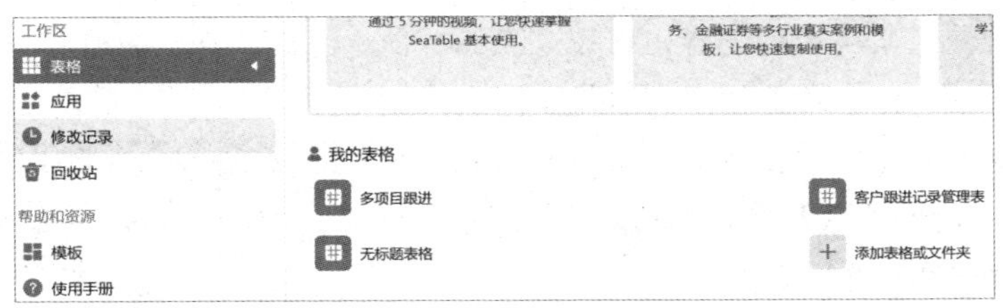

图 8.39　SeaTable操作界面（一）

单击左侧“表格”，会自动生成两个表格，分别是“多项目跟进”和“客户跟进记录管理表”，单击“多项目跟进”表格，（因为表格内容过多，为方便截图和展示，以预计完成天数为终止线，左右两侧各截一张图。）如图 8.40、图 8.41 所示。

默认视图　过滤　排序　分组　隐藏列

	项目名称	主导部门	项目详情	负责人	实施时间	预计完成时间	预计完成天数
1	618电商大促	电商部	电商部负责执行各电商...	[illegible]	2020-05-06	2020-06-19	33
2	公司制度手册更新	行政部	修订和更新公司手册内...	田文静	2020-04-02	2020-05-10	27
3	商超渠道建设	市场部	商超渠道计划覆盖全中...	[illegible]	2020-03-10	2020-05-05	41
4	生产原材料采购	采购部	负责公司A、B、C三个...	[illegible]	2020-05-10	2020-05-29	15
5	微信小程序开发	产品部	负责公司某产品的微信...	杨一鸣	2020-03-05	2020-04-10	27
6	微商城开发	产品部	开发公司微信商城	赵广义	2020-04-20	2020-05-29	30

图 8.40　SeaTable操作界面（二）

预计完成天数	最终完成时间	状态	附件	备注	项目跟进记录
33	2020-06-22	已延迟			1/1 项目名称：公司制...
27		项目暂停		详见附件	0/1 项目名称：微商城...
41		进行中			3/5 项目名称：618电...
15	2020-05-31	已延迟		采购清单	1/1 项目名称：618电...
27	2020-04-02	已完成		已发布上线	2/2 项目名称：微信小...
30	2020-05-27	已完成			1/1 项目名称：商超渠...

图 8.41　SeaTable操作界面（三）

可在图 8.40 上方进行调试、修改、隐藏关键栏或扩建对应栏目，在该图的左侧下方的“+”号处也可以填充对应的栏目组。

同时其插件内容可以填充对应的地图和时间线，让整个日程管理显得更有规划性，如图 8.42 所示。

此外，其生成的内容也可以共享给团队伙伴，非常适合团队创作，如图 8.43 所示。

这款软件的使用功能绝不仅限于做日程规划，但对于绝大多数的职场打工人来说，用来做日程规划非常合适。

图 8.42 SeaTable 操作界面（四）

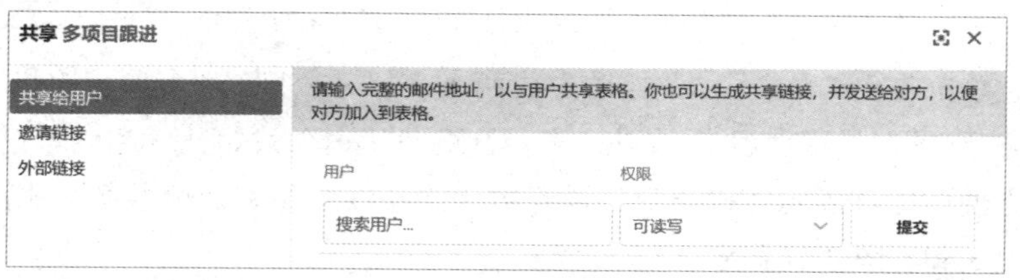

图 8.43 SeaTable 操作界面（五）

软件三 印象笔记

打开印象笔记官网，进入主界面，下载 PC 端软件，如图 8.44 所示。

图 8.44 印象笔记主界面

在印象笔记左侧中间靠下栏目中有“清单 & 日历”界面，单击进入，如图 8.45 所示。

在该界面中单击“清单列表”，再单击“新建清单”，创建清单名称为“日程管理”，如图 8.46 所示。

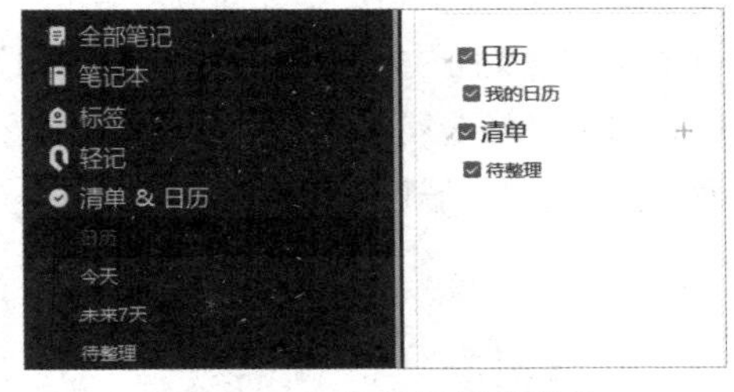

图 8.45　印象笔记操作界面

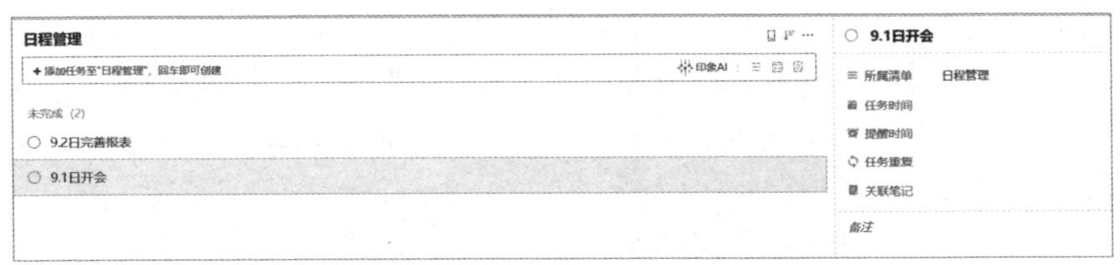

图 8.46　创建清单界面

在“日程管理”界面可设置需完成的任务，在任务的右侧栏目中可按情况设置任务时间、提醒时间等功能。

此外，印象笔记增添了 AI 帮写的会员功能，可以巧妙借助其 AI 功能来高效辅助相关日程的编辑管理，如图 8.47 所示。

图 8.47　印象笔记 AI 帮写界面

除了以上三款常见的日程管理软件外，市面上还有一些软件功能大体类似，我们不做过多讲解。日程管理可以简单理解为时间管理的扩大版，只不过侧重程度不一样，日程管理不是要实现某一日的具体任务安排，而是要帮助我们规划清晰明朗的未来。

8.3 智能会议安排——员工有安排，领导也有谱

2020 年年初因为疫情，线上会议变得空前重要，即便已经解封，线上会议也已成为大趋势，在某种程度上可以很好地取代线下会议，尤其是当员工有出外勤或特殊工作情况导致无法参加线下会议时，或者公司运营性质就是线上办公时。

目前国内常见的会议安排软件有 4 ～ 5 种，我们本节只讲两种，分别是腾讯会议和钉钉。在此之前，明确一下线上会议在什么情况下更适合开展，如图 8.48 所示。

图 8.48　开展线上会议的 3 种情况

情况 1，远程办公或分布式团队。比如公司团队员工跨区域分布，在这种情况下线上会议就成为沟通和协调的唯一方式。

情况 2，紧急情况。例如某一项目的甲方突然反馈信息，要求立即更改某些数据，然后直接签订合同，在这种紧急情况下线上会议的优势明显。

情况 3，场地条件不支持的情况。比如某些特殊情况，公司需召开员工内部会议，且短期内找不到合适场地，线上会议的优势就凸显出来了。

线上会议一般有哪些注意事项呢？如图 8.49 所示。

图 8.49 线上会议的注意事项

注意事项 1，选择合适的平台。目前国内支持开展线上会议的平台很多，在条件允许的情况下，尽可能选择有一定技术支撑的大型软件或平台，从而保证会议质量。

注意事项 2，提前测试设备和链接。在会议开始之前，应该提前留出 5 ～ 10 分钟测试一下摄像头、麦克风、扬声器，尤其是需要发言时。如果不需要发言，在会议开始前应当屏蔽麦克风、摄像头等相关设备。

注意事项 3，提前发送邀请及会议资料。线上会议相比较于线下会议而言，对于资料的诉求更高，如果员工、领导没有拿到对应资料，线上会议的预期效果就会大打折扣。

注意事项 4，注意背景和个人形象。如果线上会议需要真人出镜，那么要注意背景是否有不妥之处，以及个人外在形象。

注意事项 5，保护隐私和数据安全。线上会议最大的问题在于处处留痕，即便部分线上会议不允许或不支持录屏，但部分用户仍然可以通过外接设备的方式窃取线上会议的部分数据和机密。所以在线上会议的过程中，要尽可能保证隐私性和安全性；当隐私性和安全性无法保证时，尽可能少地输出关键或敏感信息。

接下来简单讲解线上会议常用的两款软件。

软件一 腾讯会议

直接打开腾讯会议官网，单击“立即下载”，接下来以计算机客户端的腾讯会议来展示，如图 8.50 所示。

图 8.50　腾讯会议官网界面

在此之前额外补充一点，腾讯会议出于公司发展规划的考虑，对会议的免费使用标准做出约束，如果超出对应阈值，则需要付费使用，如图 8.51 所示。

• 自2023年4月4日起，免费版用户的网络研讨会（Webinar）能力将调整为**单场最高 100 位观众、10 位嘉宾、60 分钟**，在此之前召开的会议将不受影响，若您已预定周期性会议，请提前做好规划。

图 8.51　通知截图

单击腾讯会议的主界面，可使用微信、手机号、企业微信或其他方式登录，如图 8.52 所示。

图 8.52　腾讯会议登录界面

在该界面上方分别是“加入会议”“快速会议”“预定会议”和“共享屏幕”，可以单击“预定会议”，预定一场属于自己的会议。预定会议时，有哪些注意事项？

首先，预定会议的主题一般要和公司相关，比如笔者开展的预定会议为：刘丙润工作室 2023 年第 8 次线上会议。

会议开始的时间及时长，需依据实际情况来确定。

在安全界面，强烈建议启动“入会密码”，即通过密码方式登录，防止外人通过分享的链接直接一键登录，如图 8.53 所示。

同时为了便于管理，笔者强烈建议，在成员入会时设置一键静音，如图 8.54 所示。

如果会议结束后需要对相关内容做复盘，建议开启自动云录制功能。做好这一切准备工作后，直接单击“预定”即可，如图 8.55 所示。

除此之外，还可以实现一键快速会议，一般用于紧急突发情况或公司人员较少的情况，直接单击“快速会议”，然后将快速会议的链接分享到社群内，社群成员单击链接进入会议即可。

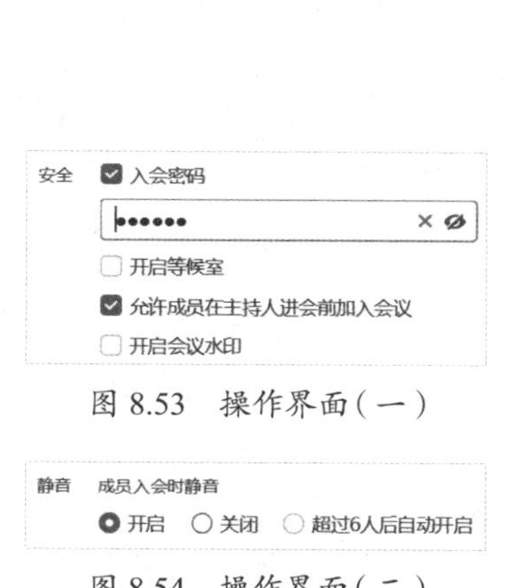

图 8.53　操作界面（一）

图 8.54　操作界面（二）

图 8.55　操作界面（三）

如果加入会议的话，需要输入会议号来一键加入。

软件二　钉钉

同理，直接在官网下载钉钉，进入主界面，如图 8.56 所示。

图 8.56 钉钉首页截图

打开PC端钉钉，在该界面的左侧，有“会议”按钮，单击进入，如图 8.57 所示。

可以选择“发起会议”“加入会议”“预约会议”“直播”“闪记”“钉闪会”和“投屏”等不同选项，我们继续选择“预约会议”，如图 8.58 所示。

图 8.57 登录界面　　　　图 8.58 操作界面

钉钉界面的使用流程和腾讯会议的使用流程相差不大，不做过多讲解。

注意： 第 1 点，线上会议的常规软件很多，但相比较而言，钉钉和腾讯会议的知名度更高、企业使用率更高。不同地方的使用情况不同，部分地方可能会使用其他的会议软件，但大体的使用流程相差不大。

第 2 点，如果与会人员不多且没有额外要求，那么线上会议往往更讲究高效便捷，通过微信或企业微信的社群连麦性价比会更高一些；但如果是大型会议，则需要考虑使用腾讯会议、钉钉或其他线上会议软件。

8.4 预见未来

在本章中出现过的一张图，如图 8.59 所示。

图 8.59　印象笔记截图

这张图片有没有特殊之处？可能细心的读者已经发现了：印象笔记在 2022 年还没有“AI 帮我写”相关按键，为什么 2023 年有了？因为 ChatGPT 在 2023 年 2 月爆火了。

可以预估，人工智能的出现会改变职场，AI 软件作为智能助理，将会影响很多领域。目前国际上最火的 AI 软件，毋庸置疑是 ChatGPT，但就国内目前的人工智能发展趋势来看，以讯飞星火认知大模型和文心一言为代表的人工智能正一路突飞猛进，且与 ChatGPT 展现出平起平坐的态势。

本章讲解的是文心一言、讯飞星火认知大模型、ChatGPT 等部分软件的半自动化操作，也就是先利用人工智能做好规划，然后再手动把这些规划插入软件。从市场发展来看，未来很有可能每下载一款软件都与人工智能相关，人工智能撰写文案、处理数据、设计个性化工作、设计个性化游戏……在未来这些都有可能实现。

人工智能的发展如火如荼，很多人都在担心自己的工作会被取代。这是科技发展的必然趋势，一味担心忧虑没有用，我们需要直面人工智能的时代，抓紧学习，紧跟潮流，让人工智能成为我们进步的助手。

未来，只有学会有效使用人工智能软件，才能在职场更进一步。

第 9 章

视频剪辑——利用 AI 快速打造高质量短视频

大家可能会好奇：人工智能不是只能生成文字吗？为什么可以用ChatGPT打造高质量视频呢？理论上说，ChatGPT如果作为插件，和国外某些软件嵌合，是可以完成图片设计或视频设计的，但这一部分操作流程过于复杂。我们本章将会采用更好的平替方式，用ChatGPT生成相关的文案脚本，而后用国内大厂剪辑软件“一键图文转视频”，生成职场高质量视频。

在本章我们用ChatGPT来给大家做个简单调试，便于大家了解国内外人工智能的发展态势，所有ChatGPT的内容调试逻辑和调试公式对于其他人工智能是通用的。本章的主要目的是通过ChatGPT和国内平替剪辑软件来生成职场相关视频，包括但不限于客户案例视频、宣传视频、招聘视频、人才展示视频等。

9.1 视频剪辑五大经典软件

对于职场办公精英来说，不建议大家应用太过复杂的剪辑软件，比如PR、PS、AE。一来这些软件在国内很难找到免费使用的机会，二来使用流程太过复杂，操作过程中需要查验的步骤过多，不符合最基础的“傻瓜式教学”。

专业的事情交由专业的人干，很多人学了两三年专业软件，才勉强能够制作出特效大片。而对于普通职场人来说，不太可能花费两三年时间，只学影视剪辑。一来领导未必支付得起员工的自学费用，二来有其他更好的平替软件可替代，更重要的是省时省力。

本节讲解的软件分别是：剪映、快影、AI 成片、万兴喵影和嗨格式，如图 9.1 所示。

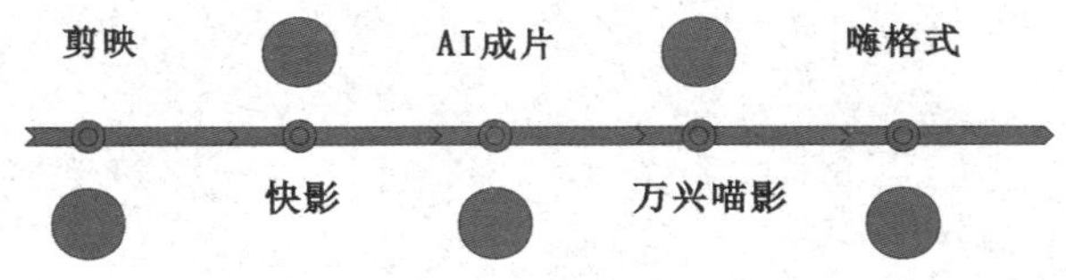

图 9.1　视频剪辑经典软件

前 3 款软件基本可以实现文字转视频的一键成片，第 4 款软件是用来剪说话音效的，第 5 款软件则主要用于录屏。下面我们分别讲解一下这 5 款软件的使用流程及优缺点。

软件一　剪映

剪映近几年的发展的确如火如荼，尤其是推出的图文转视频、"傻瓜式操作"等功能颇具优势，慢慢挤占了很多高性能的剪辑软件市场。尤其是背靠抖音大平台，从某种程度上来说，只要抖音有剪辑方面的诉求，剪映就会继续精益求精，且以免费的态势入驻市场。下面简单讲解一下剪映的具体操作步骤，如图 9.2 所示。

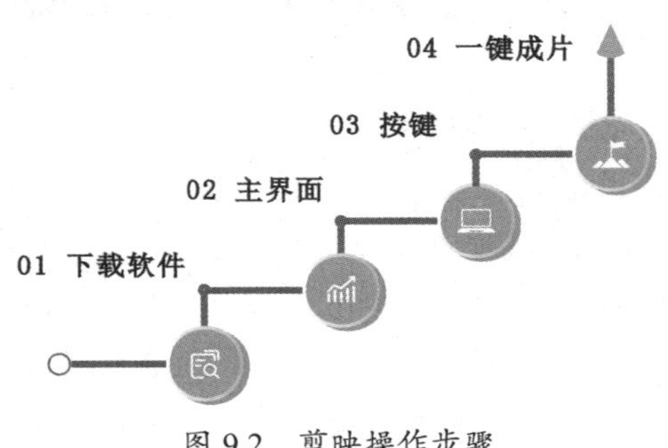

图 9.2　剪映操作步骤

第1步 检索剪映官方网址，并下载计算机端或手机端软件，如图 9.3 所示。

图 9.3　剪映电脑端截图

第2步 打开剪映App主界面，单击“开始”创作，如图 9.4 所示。

图 9.4　剪映主界面

第3步 了解剪映主界面的相关按键。

剪映主界面左侧的“本地”“云素材”“素材库”，分别对应 3 个功能：“本地”可以从计算机或其他界面导入对应的素材；“云素材”则是剪映会员版本之间的素材在线传输；“素材库”则是剪映内部自带的某些特效素材，如图 9.5 所示。

剪映主界面上方中间部分是播放器，把对应的素材导入后，可以在播放器中看到视频剪辑前或剪辑后的视频，如图 9.6 所示。

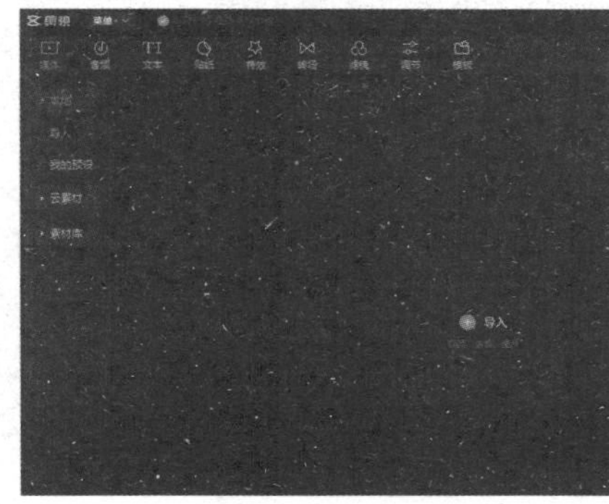

图 9.5　剪映界面（一）

图 9.6　剪映界面（二）

主界面中间靠右部分是剪映对于画面、字幕等相关内容的调节功能，可以对视频或字幕添加动画，也可以做跟踪，如图 9.7 所示。

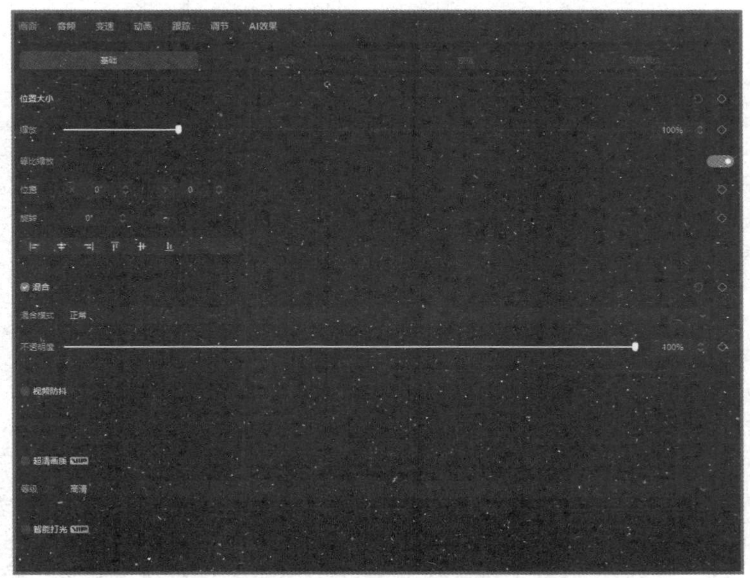

图 9.7　剪映界面（三）

在剪映主界面最下方的栏目组，是对视频片段的剪辑、翻转、删除、镜像功能，如图 9.8 所示。

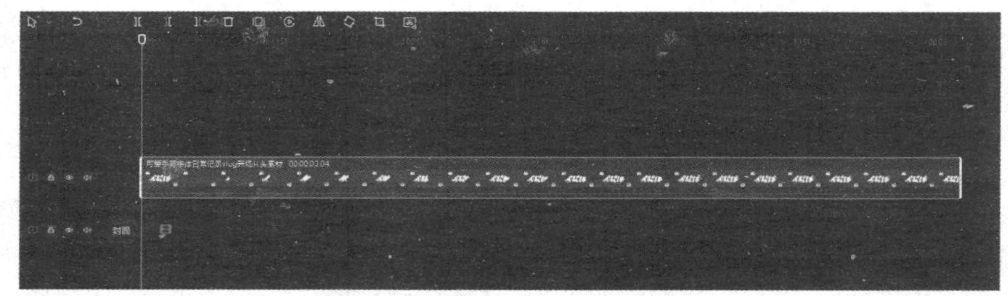

图 9.8　剪映界面（四）

第4步 使用剪映的一键成片功能。

关闭剪映的主界面后，会弹出另一个界面，在该界面的右上角有图文成片功能。

这个功能也是我们要主讲的功能，准确地说无论是客户案例视频还是产品宣传视频，抑或是招聘和人才展示视频，都需要用到图文成片功能，图文成片功能在其他的剪辑软件中也会有所涉及，如图 9.9、图 9.10、图 9.11 所示。

图 9.9　剪映界面（五）

图 9.10　剪映界面（六）

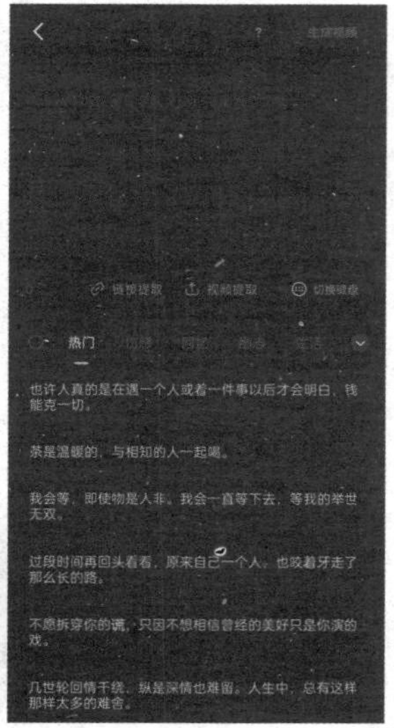

图 9.11　剪映界面（七）

软件二　快影

快影的操作流程和剪映的操作流程相差不大，直接在该款软件中找到图文一键成片功能即可。用手机端应用商城下载快影，在快影主界面单击左下角的“剪辑”，在剪辑界面 1/5 处找到“文案成片”功能，单击该功能后输入文字，即可一键生成视频。

软件三　AI成片

AI 成片不同于以上两款软件：AI 成片是网页版本。打开任意浏览器，输入百家号进入官网，找到百家号界面左侧的 AI 创作。

在 AI 创作界面，单击“AI 成片”，可以使用 AI 助手来优化文案，如果文案已经敲定，那么直接把对应的文案输入，要求其一键生成视频即可，如图 9.12 所示。

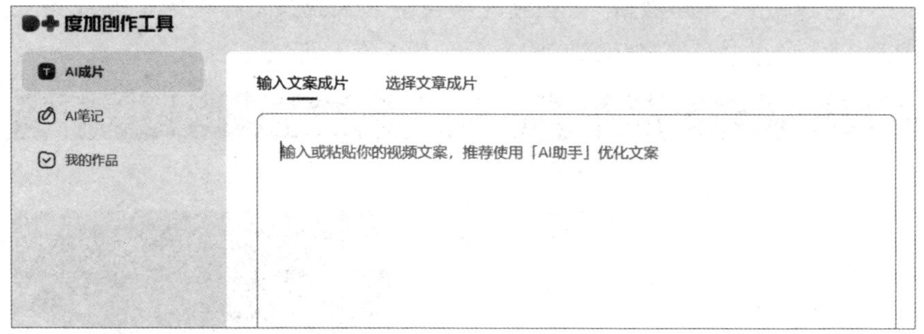

图 9.12　AI 成片界面

但要注意，百家号的 AI 成片功能是有使用限制的，如果当日使用次数用完，可更换账号或更换其他的一键成片软件进行创作即可。

软件四　万兴喵影

下面这两款软件都是付费软件，一般用于处理特殊问题。万兴喵影最大的优势在于，可以针对不同的声音阈值做剪辑。

打开万兴喵影的主界面，如图 9.13 所示。

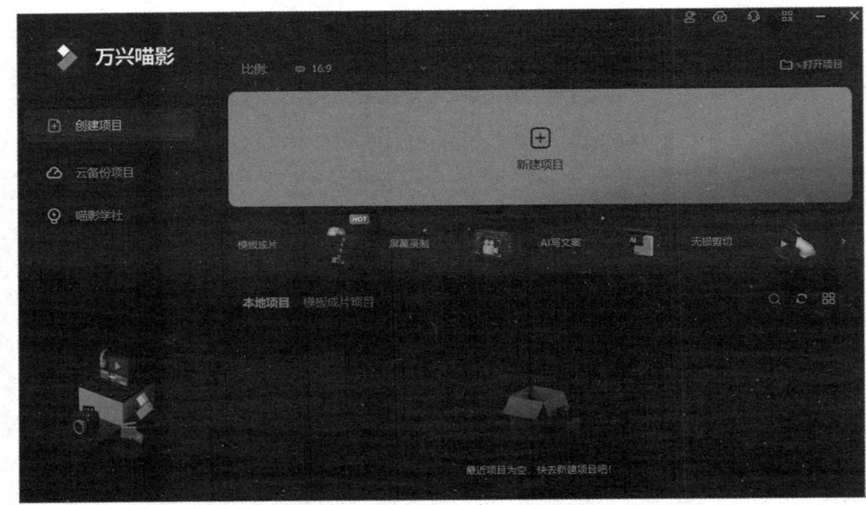

图 9.13　万兴喵影界面（一）

直接单击“新建项目”，在新建项目中导入视频，在视频下方找到工具栏，从右往左数第 4 位是智能初剪，如图 9.14 所示。

图 9.14　万兴喵影界面（二）

单击该按钮，会出现如图 9.15 所示界面。

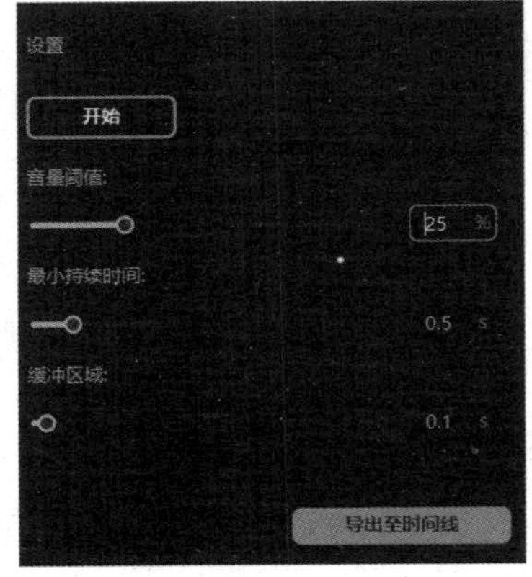

图 9.15　万兴喵影界面（三）

在该界面中如果是口播，音量阈值建议设置在 45%左右，最小持续时间设置为 0.1 秒，缓冲区域设置为 0 秒，这样可以使讲的内容更有节奏感。

如果做宣传片且无真人出镜，对节奏要求没有过高诉求的话，音量阈值建议以 35%为主，最小持续时间为 0.3 秒，缓冲区域为 0.1 秒。

软件五 嗨格式

嗨格式是录屏软件，类似的软件很多，不再做单独讲解。嗨格式是目前性能最强的录屏软件之一，也需要付费，属于付费会员模式，如图 9.16 所示。

图 9.16 嗨格式首页截图

嗨格式录屏内存相对较小，帧率较高，也较清晰，如果做内容课件或企业宣传，可以尝试使用嗨格式。

9.2 客户案例视频制作流程

职场中有一类视频非常特殊，是为甲方或乙方制作的，这里统一称为“客户视频”。举个简单的案例：A公司主营业务是服装设计，有几个服装大厂想找A公司合作设计几款当下最时髦的产品，且售卖出去，A公司如何能说服品牌方或大厂，相信自己的服装设计业务？

如果拿出一些专业数据或专业报表，对方可能没这个耐心，但如果以视频形式对外展示，比如通过直观数字展示以往合作公司的销售业绩，且将这些内容以视频的方式进行真实联动，让之前合作过的甲方或乙方与公司产生直接关联，那么达成与意向客户的合作几乎是顺理成章的。

我们可以把客户的案例视频简单理解为素材视频。那么，如何做好客户案例视频？笔者总结出一整套流程，如图 9.17 所示。

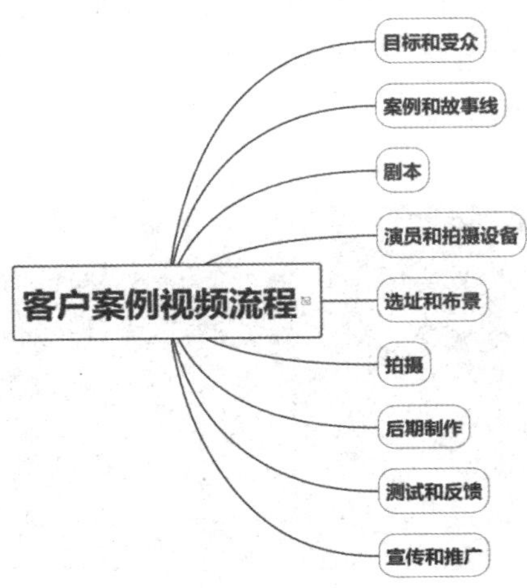

图 9.17　客户案例视频流程

第1步 明确目标和受众。无论是做客户案例视频，还是产品宣传视频，抑或是招聘和人才展示视频，一定要明确目标和受众，这里的目标就是客户。

第2步 选择案例和故事线。我们应挑选能引人入胜的案例，案例要具备足够多的价值展示，最好以相匹配的金钱价值做展示，比如甲方委托我们做某项目，我们不但完成了，而且超额完成，给甲方公司带来了超过 500 万元的项目盈利，以此让客户信服，但一定要保证真实性。

第3步 编写剧本。要编写对应的台词、场景，对拍摄也做出对应指导，保证剧本清晰明了，有效传达信息。这里可能有人好奇，既然选择的是真实案例，为什么还要编写剧本？案例是真实的，但中间的部分情节可以在原有基础上做更改。由于部分甲方客户与公司的会谈内容没有留存，可以邀请甲方负责人再次复盘经历的人、事、物，进行剧本编写。

第4步 准备演员和拍摄设备。如果是在 2017 年以前，可能需要一台专业相机来拍摄，但现在手机的拍摄功能基本可以平替部分中等偏下的相机设备了。如果公司对客户案例没有过高要求的话，用手机拍摄即可。

第5步 选址和布景。

第6步 拍摄。

第7步 后期制作。在后期制作过程中，建议通过上一节讲的人工智能图文成片功能软件，以及拍摄的部分素材来做转场互补，这样操作更省时省力。

第8步 测试和反馈。视频制作成功后，一定要与视频中参与的公司或甲方客户沟通，征得他们同意后，再做案例展示，同时邀请公司内部员工观看和反馈。

第9步 宣传和推广。

为了便于理解，假定如下信息。

本公司做服装设计，对标的甲方公司是服装生产商。在过去 5 年时间内总共设计有 20 套不同款式的服装，其中有 15 套在市场中大获成功，每套服装带来的市场效应最低也超过百万元。

接下来用人工智能生成具体的文案信息，这里先列出一套模板。

1. 引言部分

a. 主题介绍：介绍视频主题，展示与往期客户合作的优秀案例。

b. 公司介绍：简要介绍您的公司及其专业领域。

2. 案例介绍

a. 选择案例：选择一个具体的往期客户案例，提供案例背景信息。

b. 挑战描述：描述客户面临的挑战和问题。

3. 解决方案部分

a. 角色介绍：介绍您的角色和您的团队如何提供解决方案。

b. 策略和执行：详细说明采取的策略和实施步骤。

4. 成果展示

a. 成功结果：描述解决方案如何取得显著成果。

b. 数据和指标：提供数据和指标支持成果陈述。

5. 客户见证

a. 客户采访：引入客户采访，让他们分享合作体验和观点。

b. 客户见证：客户谈论受益和选择与您合作的原因。

6. 结尾部分

a. 呼吁行动：鼓励观众采取行动，例如联系您的团队，获取更多信息。

b. 联系方式：提供您的联系方式和网站等。

7. 结束语

a. 总结：简要总结视频内容，强调专业技术和成功案例。

b. 鼓励：再次强调与您合作的价值和机会。

填入关键信息如下。

1. 引言部分

简要讲解与甲方合作数据，即服装设计的过硬技术。

2. 案例介绍

我们为A公司设计的B套餐，服装市场大获成功，营销额超过1000万元，净利润超过67%。

3. 解决方案部分

设计服装时，我们一般采用七步法，节省大量精力，同时尽最大可能与甲方公司做数据对标。

4. 成果展示

展示对应的服装产品。

5. 客户见证

录制客户对公司的点赞好评。

6. 结尾部分

引导客户与公司合作。

7. 结束语

感谢大家的支持和鼓励。

10 对ChatGPT输入如下内容。

根据之前总结的客户案例视频相关模板，以及填入的相关关键信息，生成一份视频脚本。

ChatGPT输出如下。

当涉及脚本编写时，您提供的信息已经非常有帮助。以下是您所描述的内容的视频脚本示例。

视频脚本：甲公司与服装设计合作成功案例

[开场画面：公司标识和专业的设计画面]

主持人（声音解说）：欢迎观看本期视频，我们将为您展示甲公司与服装设计团队合作的成功案例。我们的过硬技术为您带来了卓越的成果。

[画面切换：甲公司与服装设计团队合作画面]

主持人（声音解说）：在为甲公司设计的 B 套餐中，我们的服装设计方案在市场上取得了巨大的成功，营销额超过 1000 万元，净利润更是高达 67%。

[画面切换：设计团队展示服装设计七步法]

主持人（声音解说）：我们设计服装时，一般采用高效的七步法，这不仅节省了大量精力，还能够最大限度地与甲公司的要求进行数据对标。

[画面切换：展示成功的服装产品画面]

主持人（声音解说）：让我们来看看我们为甲公司设计的成功产品，这些产品在市场上获得了瞩目的成绩。

[画面切换：采访甲公司代表画面]

甲公司代表（视频采访）：我们选择与这个优秀的设计团队合作，是因为他们的专业技术和精湛的创意。他们的设计不仅满足了我们的需求，还超出了我们的预期。

[画面切换：客户对公司的点赞好评画面]

客户（视频采访）：我们对这次合作非常满意。他们的团队始终保持着开放的沟通，快速响应我们的需求，为我们提供了非常出色的解决方案。

[画面切换：主持人站在公司大门前，引导观众]

主持人（声音解说）：如果您也想与我们合作，共同实现成功，请随时联系我们。我们期待为您提供卓越的服务和创意解决方案。

[画面切换：感谢画面]

主持人（声音解说）：最后，感谢您的支持和鼓励。我们将继续努力，为您创造更多的成功案例。

[结束画面：公司标识和联系方式]

这是一个基本的视频脚本示例，您可以根据需要进行修改和定制，以适应您的实际制作和传达目标。在实际录制过程中，您可以根据脚本中的指引进行拍摄、采访和编辑工作。

注意，人工智能在生成文案和生成视频脚本时是有明显不同的，在生成视频脚本时有转场环节。我们额外强调一下转场的具体功效，如图 9.18 所示。

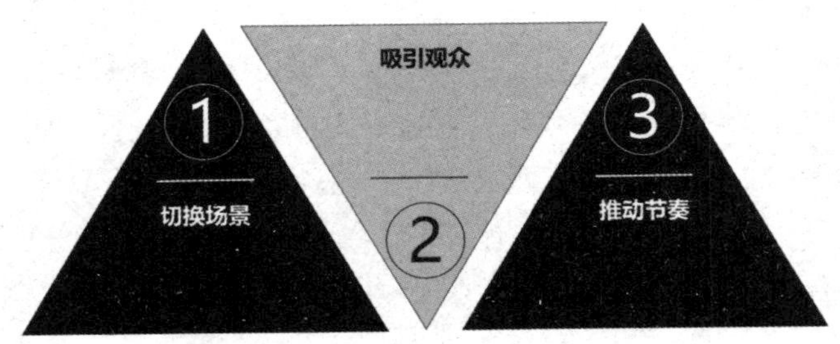

图 9.18　转场的作用

作用 1，场景切换。转场可以明确地将观众带入一个新的场景中，以便前一场景与后一场景切换时不太突兀，更利于读者在第一时间明白视频表达的主题和意义。

作用 2，吸引观众注意。一条视频如果长达 10 分钟、20 分钟，且只在单一画面上平铺直叙，很难引起读者兴趣。适当的转场给观众以视觉冲击，吸引观众持续观看，在某种程度上来说效果更好。

作用 3，推动叙事节奏。一条视频中如果有 3 ～ 5 个甚至以上的转场，且每一个转场都对应一个新主题、新场景或新事件，能够有效推动事件发展。

10 在调试过程中假定对某一个环节不满意，比如客户视频采访环节。采访环节中只有一位客户接受采访，表达了对公司的认可，不太具备说服力，想要增加几个客户，则可以对 ChatGPT 输入如下内容。

请对上述视频脚本中客户接受视频采访的部分做更改，要求至少有三个以上客户接受采访，且每个客户都需要表达对我公司出具策划方案的满意，以此来引导其他客户与我们公司合作。

ChatGPT 输出如下。

当然，我可以帮您进行相应修改。以下是更新后的视频脚本，包括三个以上客户接受视频采访的部分。

视频脚本：甲公司与服装设计团队合作成功案例

［开场画面：公司标识和专业的设计画面］

主持人（声音解说）：欢迎观看本期视频，我们将为您展示甲公司与服装设计团队合作的成功案例。我们的过硬技术为您带来了卓越的成果。

［画面切换：甲公司与服装设计团队合作画面］

主持人（声音解说）：在为甲公司设计的 B 套餐中，我们的服装设计方案在市场上取得了巨大的成功，营销额超过 1000 万元，净利润更是高达 67%。

［画面切换：设计团队展示服装设计七步法］

主持人（声音解说）：我们设计服装时，一般采用高效的七步法，这不仅节省了大量精力，还能够最大限度地与甲公司的要求进行数据对标。

［画面切换：展示成功的服装产品画面］

主持人（声音解说）：让我们来看看我们为甲公司设计的成功产品，这些产品在市场上获得了瞩目的成绩。

［画面切换：采访不同客户画面，三个客户分别接受采访］

客户 1（视频采访）：我们与这个杰出的设计团队合作，是一次非常愉快的经历。他们的策划方案不仅在创意上令人惊叹，还实实在在地帮助我们取得了业绩的提升。

客户 2（视频采访）：对于他们的设计和策划方案，我们只有赞誉之词。他们不仅理解我们的需求，还能够以独特的方式表达我们的品牌理念。

客户 3（视频采访）：与这个团队合作是我们的明智选择。他们的专业能力和创新思维在市场上为我们赢得了竞争优势。

［画面切换：客户对公司的点赞好评画面］

客户 1（视频采访）：我们对这次合作非常满意。他们的团队始终保持着开放的沟通，快速响应我们的需求，为我们提供了非常出色的解决方案。

客户 2（视频采访）：我们真的很感激能够与这个团队合作。他们为我们量身定制的策划方案真正让我们的品牌脱颖而出。

客户 3（视频采访）：我们衷心感谢他们的卓越工作。他们的设计不仅满足了我们的需求，还创造了意想不到的商业价值。

［画面切换：主持人站在公司大门前，引导观众］

主持人（声音解说）：如果您也想与我们合作，共同实现成功，请随时联系我们。我们期待为您提供卓越的服务和创意解决方案。

[画面切换：感谢画面]

主持人（声音解说）：最后，感谢您的支持和鼓励。我们将继续努力，为您创造更多的成功案例。

[结束画面：公司标识和联系方式]

这个更新后的脚本将包括三个不同的客户采访，每位客户都会表达对您的公司和策划方案的满意，以引导其他潜在客户与您的公司合作。

假定ChatGPT最后一次输出的内容符合预期标准，如何把这部分内容录制成视频呢？有两个方法：其一，所有场景真人录制，所有人物真人出面；其二，人工智能+真人出面的录制方式。

第1种方式不做过多讲解，唯一需要注意的是客户、主持人及相关人物出场时，面部表情不要太拘束，周边取景不要太阴暗，表达得自然一些。

如果采用人工智能+真人出镜的录制方式，我们可以把前面的文案直接复制到百家号的一键成片界面中，如图9.19所示。（补充：百家号图文一键成片功能生成的图片如果用于商业模式的话，可能存在版权风险，所以我们暂且没有展示。）

图9.19　百家号一键成片（一）

但此时出现了一个问题，视频脚本完整的内容包括转场内容，在使用人工智能一键成片时，虽然能够生成基础素材，但也会把一些无关字样放在视频中，且生成的镜头具备配音，比如客户一、客户二、客户三、主持人声音解说等。此时需要对视频脚本做精简，把无关话术全部剔除，以纯文案的形式要求人工智能生成脚本。

对ChatGPT输入如下内容。

把前面生成的内容整改成文案，且不要有任何的旁白介绍，比如主持人、声音、解说，这些字全部去掉。

对ChatGPT做二次输入。

把场景转换也去掉，客户表达也去掉。

ChatGPT输出如下。

当然，我理解您的要求，下面是去除场景转换和客户表达的视频脚本文案。

视频脚本：甲公司与服装设计合作成功案例

我们欢迎您观看本期视频，向您展示甲公司与服装设计合作的成功案例，以及我们的过硬技术所带来的卓越成果。

在为甲公司设计的B套餐中，我们的服装设计方案在市场上取得了巨大的成功，营销额超过 1000 万元，净利润更是高达 67%。

我们设计服装时，采用高效的七步法，节省精力，与甲公司的要求进行数据对标。

这些成功的产品不仅在市场上获得瞩目的成绩，而且满足了甲公司的需求。

如果您也想与我们合作，共同实现成功，请随时联系我们。我们期待为您提供卓越的服务和创意解决方案。

最后，感谢您的支持和鼓励。我们将继续努力，为您创造更多的成功案例。

这份文案已根据您的要求进行了修改，去除了场景转换和客户表达，突出了合作成功案例和公司的卓越技术。

把ChatGPT输出内容中的文案部分放入AI成片，一键生成，如图 9.20 所示。

图 9.20 AI成片一键生成

在该视频生成界面，把需要用到的镜头素材留下，不需要用到的镜头素材剪掉，然后把客户的相关访谈插入即可，这种模式就是人工智能+现场录制的模式。在 9.3 节、9.4 节中，也会采用同样的模式做剪辑。

接下来，简单讲一下百家号的一键成片功能下方的对应按键功能及操作流程。选择其中任意一段视频做拉伸或压缩处理，即如果有对应的素材需要填入，直接把该视频拉缩到最低值或直接删除，或拉缩到某一个阈值，再添加产品即可，如图 9.21 所示。

图 9.21 百家号一键成片（二）

在左侧的“朗读音”界面，可以选择语速倍速模式、调节音量，也可以选择推荐的朗读音，如图 9.22 所示。

在“模板”界面可以选择视频展示的模板，一般分为竖版模板和横版模板，如图 9.23 所示。

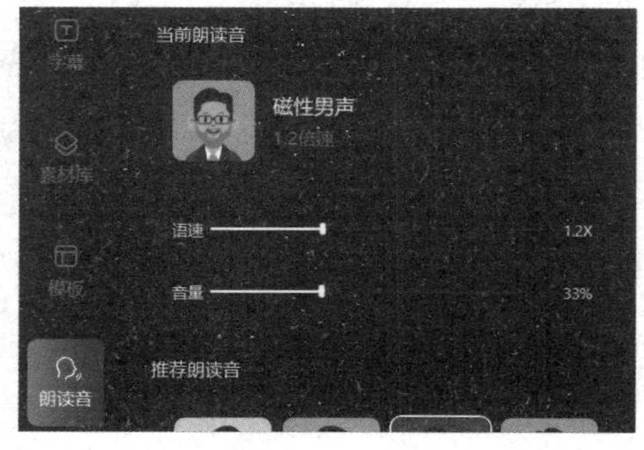

图 9.22 百家号一键成片（三）

图 9.23　百家号一键成片（四）

在“模板”界面可以选择视频展示的模板，一般分为竖版模板和横版模板。

接下来把真人出镜的视频补录进去，按照刚才生成的脚本代入，把无关视频剪掉，将对应转场生成的视频宣传文案替换成真实录制的视频，一份客户案例视频就制作成功了。

为了便于理解客户案例视频如何制作，我们虚构了部分信息，但模板是通用的（下面章节同理）。当制作公司的客户案例视频时，以下内容需要调试更换，如图 9.24 所示。

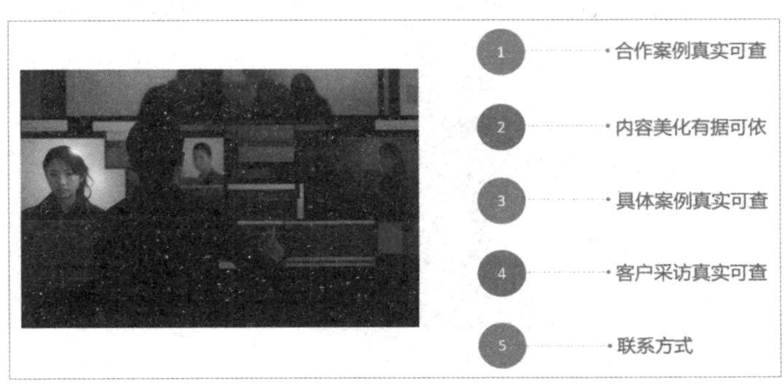

图 9.24　需要调试更换的 5 点内容

内容 1： 往期客户的优秀合作案例必须为真实可查验的合作案例，一旦在合作案例方面弄虚作假，后续很容易引起甲方或乙方的反感，并被列入行业黑名单。

内容 2：公司的专业领域或特长内容允许进行部分美化，但美化一定要有据可依，可以优先突出与某些大企业、大品牌的合作。

内容 3：选择的具体往期客户案例也必须是真实案例，最好有效益指标，比如盈利多少、几个月的周期、获得了什么效益、拥有怎样的成长及合作方对我们的评价。

内容 4：客户采访最好是真实客户采访，且经过客户的同意，以客户案例视频的形式对外展示。

内容 5：如果企业有网站，那联系方式中优先选网站；如果没有，直接填写企业负责人的联系方式（包括邮箱）即可。

上述内容补充完毕后，再按照流程进行调试，将真实录制的视频剪切到对应人工智能一键生成的视频的位置，并进行覆盖，即可一键生成客户案例视频。

9.3 产品宣传视频制作流程

在职场中，产品宣传视频是用来推动与甲方或乙方合作，彰显企业软实力的。也正因如此，企业的产品宣传视频有以下五大功效，如图9.25所示。

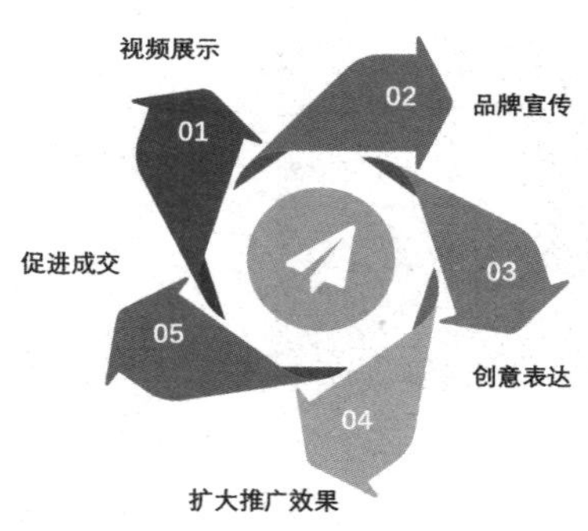

图 9.25　宣传视频五大功效

其一，视频展示。产品的展示与说明视频相较于图文而言，能更加直观地展示优点、功能。通过视觉与声音两者的结合，能够让甲方客户或乙方战略合作伙伴更好地理解产品。

其二，品牌宣传。宣传某款特定产品时，未必只对该产品本身做宣传，很有可能连带产品设计的相关理念做进一步升级迭代，既对该品牌进行展示，同时也对品牌进行宣传。而品牌宣传可以进一步提升企业在目标受众心中的认知度和信任感。

其三，创意表达。通过特有的镜头、剧情特效、音乐，可以将产品在某些特定情况下的使用场景复盘或模拟出来，引起观众的注意，尤其是产品设计时赋予的某些特定创意，也可以通过镜头的方式展示出来。

其四，扩大推广效果。产品的宣传视频不但可以放在公司，也可以应用于社交媒体、平台展会、部分网站中，通过多渠道传播，提升产品知名度，扩大影响力。

其五，促进成交。产品宣传的实用性能够充分激发客户的潜在兴趣，引导客户进一步采取行动，比如购买产品。

那么，产品宣传视频该如何做呢？这里总结出一整套流程，如图 9.26 所示。

第1步 确定目标和受众。和制作客户案例视频相似，确定产品宣传视频的定位和初衷，是为了提高品牌的知名度、推动销量，还是有其他目标诉求，以便制作出更具针对性的视频。

第2步 确定创意和概念。产品的宣传视频相较于文案而言，更考验创意，比如拍摄风格、主题表达、叙事方式、产品结构、拍摄现场补光及特殊灵感获取。

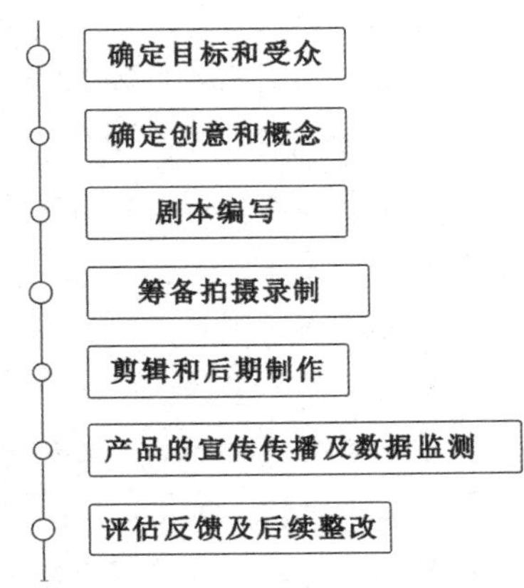

图 9.26 产品宣传视频制作流程

第3步 剧本编写。本节中的剧本编写必须围绕产品展开，与甲方、乙方无关。因为产品宣传视频后期对接的是甲方、乙方和更多单位和部门，而在编写剧本时，如果只考虑对接某单一合作方，很有可能导致视频后续使用过程受到羁绊。

第4步 筹备拍摄录制。

第5步 剪辑和后期制作，包括但不限于音效、特效的制作。

第6步 产品的宣传传播及数据监测。

第7步 评估反馈及后续整改。

产品宣传视频的制作流程与客户案例视频制作流程有部分重叠之处，本节重点讲解某款产品的宣传制作、与脚本相关的内容、与视频直接展示的相关内容。为了便于理解，假定信息如下。

公司仍然是做服装设计的，只不过不需要对标任何甲方或乙方，也不需要对接任何平台，重点突出过去 5 年内设计的 20 套不同款式的服装，且通过视频制作的方式发挥品牌宣传的作用。

接下来仍然需要用人工智能生成具体的文案信息，先列出一套模板。

1. 引言

引起观众兴趣的开场白。

2. 产品介绍

简要介绍产品名称、特点、用途。

3. 故事叙述

通过一个引人入胜的故事情节展现产品背后的核心信息。

4. 问题呈现

突出问题或挑战，让观众产生共鸣。

5. 解决方案

介绍产品是如何解决问题的，突出其独特优势。

6. 功能演示

展示产品关键功能，强调其实际操作和效果。

7. 客户见证

展示客户真实的使用经验和满意度。

8. 比较对比

将产品与竞争对手进行对比，凸显其优势。

9. 呼吁行动

鼓励观众采取具体行动，如访问网站、咨询等。

10. 结束语

总结核心信息，强化产品的价值。

11. 品牌元素

加入品牌标志、口号等元素，增强品牌认知。

12. 音效和音乐

选择适合的音效和音乐，营造氛围。

13. 镜头切换和过渡

设计平稳的镜头切换和过渡效果，保持流畅度。

14. 时长控制

控制视频时长，确保观众保持关注。

填入模板中的部分关键信息如下。

1. 引言

当下市场对于优质服装的需求。

2. 产品介绍

A 款服装适宜夏天穿搭，凸显气质，落落大方。

3. 故事叙述

5 个人的团队小组经过两年的持续设计，最终打磨出的优质服装。

4. 问题呈现

部分服装的买家秀和卖家秀形成强烈反差，因身材等多方因素导致不能呈现出预期效果。

5. 解决方案

专业设计师设计，追踪每一处细节，把衣服穿出时代感。

6. 功能演示

专业模特展示穿搭前后变化。

7. 客户见证

展示部分客户购买后的友好评论。

8. 比较对比

与竞品 B 款服装作比较，并得出 A 款服装远胜 B 款服装的结论。

9. 呼吁行动

引导用户在视频结尾处的小黄车下单。

对ChatGPT输入如下内容。

根据产品宣传视频的相关模板，以及我们填入的关键信息，生成一份视频脚本。

ChatGPT输出如下。

【视频脚本：A款服装夏季时尚宣传片】

［开场画面］

（舒缓音乐伴随美丽风景的镜头）

背景音：在这个时代，人们对于时尚和品质的追求，从未停歇。

［引言］

（展示购物场景、时尚杂志、购物车等画面）

背景音：时尚市场的需求，如今已超越了单纯的物质，而是一种对于优质生活的追求。

［产品介绍］

（展示A款服装的不同款式、细节、穿搭场景）

让我们为您呈现，独一无二的 A款服装。夏日的清爽，气质的凸显，让您在人群中脱颖而出。

［故事叙述］

（快速切换画面，展示设计团队的工作、创意构思）

经过两年的不懈努力，一个由五位杰出设计师组成的团队，汇集智慧与创意，终于铸就了这一杰作。

［问题呈现］

（展示不合适穿搭的情景，形成强烈对比）

然而，不同体形和不同风格的人穿着同款服装，效果却千差万别。这是一个挑战，也是一个机会。

［解决方案］

（展示专业设计师的工作过程，对细节的把控）

为了让每位顾客都能穿出自己的风采，我们的专业设计师，一丝不苟地追踪每一个细节，为您带来穿越时光的奢华。

[功能演示]

（展示模特穿搭前后的对比，炫酷的变身效果）

让我们来看看，当专业模特穿上 A款服装时，他们身上发生的惊艳变化。

[客户见证]

（展示满意客户的评论，与服装照片配合展示）

客户们的喜爱之情溢于言表。让我们听听他们的声音。

[比较对比]

（展示A款服装与B款竞品的对比，突出优势）

现在，让我们与竞品 B款服装进行一次对比。明显的差距，让 A款服装脱颖而出。

[呼吁行动]

（展示下单流程，引导用户在小黄车下单）

您也可以成为这股时尚浪潮的一部分。点击视频下方的小黄车，把 A款服装的尊贵带回家。

[结束画面]

（展示 A款服装的logo、网址等信息，伴随舒缓音乐）

在热情洋溢的夏季，选择 A款服装，绽放您的时尚魅力。不容错过的尊贵体验，从这一刻开始。

[视频结束]

在智能生成的内容中，要求ChatGPT额外补充内容，要求其对客户见证部分增加三条客户好评。

对ChatGPT输入如下内容。

在客户见证部分，至少生成三位客户对该款服装的好评。

ChatGPT输出如下。

【视频脚本：A款服装夏季时尚宣传片】

[开场画面]

（舒缓音乐伴随美丽风景的镜头）

背景音：在这个时代，人们对于时尚和品质的追求，从未停歇。

［引言］

（展示购物场景、时尚杂志、购物车等画面）

背景音：时尚市场的需求，如今已超越了单纯的物质，而是一种对于优质生活的追求。

［产品介绍］

（展示A款服装的不同款式、细节、穿搭场景）

让我们为您呈现，独一无二的A款服装。夏日的清爽，气质的凸显，让您在人群中脱颖而出。

［故事叙述］

（快速切换画面，展示设计团队的工作、创意构思）

经过两年的不懈努力，一个由五位杰出设计师组成的团队，汇集智慧与创意，终于铸就了这一杰作。

［问题呈现］

（展示不合适穿搭的情景，形成强烈对比）

然而，不同体形和不同风格的人穿着同款服装，效果却千差万别。这是一个挑战，也是一个机会。

［解决方案］

（展示专业设计师的工作过程，对细节的把控）

为了让每位顾客都能穿出自己的风采，我们的专业设计师，一丝不苟地追踪每一个细节，为您带来穿越时光的奢华。

［功能演示］

（展示模特穿搭前后的对比，炫酷的变身效果）

让我们来看看，当专业模特穿上 A款服装时，他们身上发生的惊艳变化。

［客户见证］

（展示三位客户对服装的好评，画面切换）

客户 1：这款服装真是太棒了！穿上它我感到自信十足，无论是正式场合还是休闲时光，都能展现出我的独特魅力。

客户 2：我是一个时尚追求者，A款服装的设计和品质真的让我眼前一亮。每次穿上它，都能引来一片赞叹声，感觉像是走在T台上一样！

客户 3：无论我是去参加派对还是度假，A款服装总是让我成为焦点。我喜欢它的舒适感和时尚感，简直是我的夏季必备单品！

[比较对比]

（展示A款服装与B款竞品的对比，突出优势）

现在，让我们与竞品B款服装进行一次对比。明显的差距，让A款服装脱颖而出。

[呼吁行动]

（展示下单流程，引导用户在小黄车下单）

您也可以成为这股时尚浪潮的一部分，点击视频下方的小黄车，把A款服装的尊贵带回家。

[结束画面]

（展示A款服装的logo、网址等信息，伴随舒缓音乐）

在热情洋溢的夏季，选择A款服装，绽放您的时尚魅力。不容错过的尊贵体验，从这一刻开始。

[视频结束]

接下来如法炮制，把无关内容、相关转场、背景音乐、结束画面等内容删掉，生成一份纯视频脚本如下。

在这个时代，人们对于时尚和品质的追求，从未停歇。

时尚市场的需求，如今已超越了单纯的物质，而是一种对于优质生活的追求。

让我们为您呈现独一无二的A款服装。夏日的清爽，气质的凸显，让您在人群中脱颖而出。

经过两年的不懈努力，一个由五位杰出设计师组成的团队，汇集智慧与创意，终于铸就了这一杰作。

然而，不同体形和不同风格的人穿着同款服装，效果却千差万别。这是一个挑战，也是一个机会。

为了让每位顾客都能穿出自己的风采，我们的专业设计师，一丝不苟地追踪每一个细节，为您带来穿越时光的奢华。

让我们来看看，当专业模特穿上A款服装时，他们身上发生的惊艳变化。

客户 1：这款服装真是太棒了！穿上它我感到自信十足，无论是正式场合还是休闲时光，都能展现出我的独特魅力。

客户 2：我是一个时尚追求者，A款服装的设计和品质真的让我眼前一亮。每次穿上它，都能引来一片赞叹声，感觉像是走在T台上一样！

客户 3：无论我是去参加派对还是度假，A款服装总是让我成为焦点。我喜欢它的舒适感和时尚感，简直是我的夏季必备单品！

现在，让我们与竞品B款服装进行一次对比。明显的差距，让A款服装脱颖而出。

您也可以成为这股时尚浪潮的一部分。点击视频下方的小黄车，把A款服装的尊贵带回家。

在热情洋溢的夏季，选择A款服装，绽放您的时尚魅力。不容错过的尊贵体验，从这一刻开始。

假定该内容生成的视频脚本符合预期，如何对该内容进行一键成片呢？继续打开百家号AI成片功能，单击“一键成片”，如图 9.27 所示。（注：百家号图文一键成片功能生成的图片，如果用于商业模式的话，可能存在版权风险，所以我们暂且没有展示。）

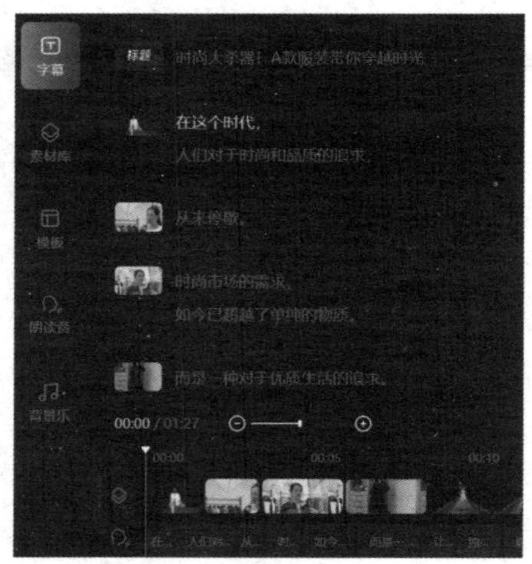

图 9.27　百家号一键成片（五）

接下来对视频进行剪辑调试，对真人出镜内容及相关素材进行一键替换，选择适合的背景音乐，即可生成产品宣传视频。

[!] 注意： 补充 1，产品宣传视频一定要侧重于产品展示，人工智能一键成片只是起辅助作用，需要有对应的图片展示、对应的客户接受采访的图片或视频，而这一部分内容远不是人工智能可以一键生成的。

补充 2，产品宣传视频的配音配乐也非常重要，不同的视频所需要的背景音乐也是不同的。常规的背景音乐可以分为舒缓、激情、悬疑、快节奏、浪漫、古典、民族等不同的主题，在无法确认产品宣传视频需要搭配哪一主题音乐时，可选择多款不同的主题音乐做调试，最终找到最适合的那款。

为了便于理解产品宣传视频如何制作，我们虚构了部分信息，但模板是通用的。当我们制作公司的产品宣传视频时，以下内容需要调试更换，如图 9.28 所示。

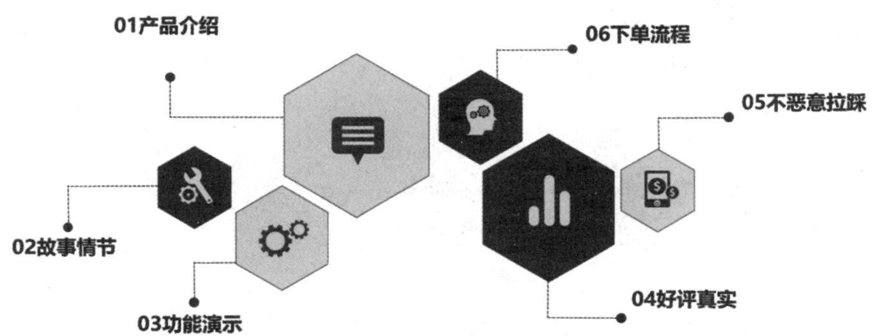

图 9.28　制作视频时需调试更换的内容

内容一： 企业生产出来的产品介绍以符合自家企业的产品诉求为准，产品背后的核心信息必须与企业的价值观相吻合。

内容二： 故事叙述中的引人入胜的故事情节，原则上来说是可以虚构的，但不能太过离谱。

内容三： 功能演示必须与问题呈现和解决方案相结合，即提出问题、提出解决方案，在功能演示的过程中能够把前述问题完美解决。

内容四： 客户好评必须真实有效。

内容五： 在与竞品做对比的过程中，不能存在恶意拉踩。

内容六： 引导用户下单的小黄车链接或其他购买方式尽最大可能采取一键式操作，即让客户在看到界面处就能下单，流程越烦琐，客户下单的概率就越低。

上述内容补充完毕后，再按照流程进行调试，将真实录制的视频剪切到对应人工智能一键生成的视频位置并进行覆盖，即可一键生成产品宣传视频。

9.4 企业招聘和人才展示视频制作流程

对于普通的求职者来说，很难见到企业的招聘视频或人才展示视频，但如果是在大四参与学校秋招、春招招聘会，会发现一些企业直接播放视频，吸引学生投递简历。准确地说，企业的招聘和人才展示视频主要目的和诉求有两点：其一是宣传企业文化，其二是吸引更多的人才入驻企业。

所以常见的企业招聘和人才展示视频，更多的是企业的自我介绍，这中间包括但不限于员工享受到的种种福利和待遇、企业未来的发展前景和机遇。相比较而言，企业的招聘和人才展示视频，更像是供需关系中的需求方，放低姿态、把握重点。

本节会和前两节做区分，先讲解一下企业招聘和人才展示的视频中必须要出现的关键因子。

1. 企业介绍

历史+使命+价值观+愿景。

2. 员工故事

员工姓名+成就+成长。

3. 工作环境

办公环境+团队互动。

4. 职位空缺

职位名称+职责+要求+福利。

5. 发展机会

晋升+培训+职业发展。

6. 团队合作

合作案例+成功故事。

7. 企业文化

创新+包容性+多样性。

8. 管理团队

高层领导+领导风格。

9. 面试流程

流程概述+下一步步骤。

10. 联系方式

联系信息+应聘途径。

企业招聘和人才展示视频最核心的因素就是归属感，要让没有入职的员工认为公司值得自己为之付出且能够获得对等回报，要让已经入职的员工获得足额的福利待遇，继续为公司发展做贡献，并以此感到光荣。

接下来用人工智能生成具体的文案信息，关键信息如下。

1. 企业介绍

10 年老企业，为社会服务，让员工有保障。

2. 员工故事

李女士，公司老员工，兢兢业业，任劳任怨，月薪过万，年终奖为 6 个月工资。

3. 工作环境

六人团队小组，领导层独立办公室。

4. 职位空缺

前台客服缺 5 人，销售员工缺 10 人，科技研发缺 40 人。

5. 发展机会

三个月培训周期，半年一次升职加薪机会，每年工资涨幅最低不低于月均工资的 2%。

6. 团队合作

销售部与科技研发部上个月通力合作，实现 700 万元业绩指标。

7. 企业文化

创新，包容性，多样性。

8. 管理团队

李女士，王女士，刘先生。

9. 面试流程

投递简历，一面，二面。

10. 联系方式

优秀人才自荐请拨打电话：1222333××××

对 ChatGPT 输入如下内容。

根据企业招聘和人才展示中补充的关键信息，生成一份视频脚本。

ChatGPT 输出如下。

【人才展示和企业招聘宣传脚本】

［开场画面］

（激动的音乐，展示企业标志和精彩画面）

背景音：在这个充满机遇的时代，有一个值得您关注的企业。

［企业介绍］

背景音：10 年的执着，10 年的耕耘，我们是一家经验丰富的老企业，始终致力于为社会提供优质服务，为员工创造可靠的保障。

［员工故事］

背景音：让我们认识李女士，她是我们公司的杰出员工，兢兢业业，任劳任怨。不仅月薪过万，更享有 6 个月工资的年终奖励。

［工作环境］

背景音：我们拥有一个充满活力的六人团队，每个人都是团队的重要一员。同时，领导层更有独立办公室，为您提供舒适的工作环境。

［职位空缺］

背景音：现在，我们诚邀您加入我们的团队。前台客服缺 5 人，销售员工缺 10 人，科技研发更是急需 40 名人才。您将是我们的未来之星。

[发展机会]

背景音：您的成长，是我们的骄傲。三个月的培训周期，半年一次的升职加薪机会，每年工资涨幅最低不低于月均工资的 2%，您的价值将得到充分体现。

[团队合作]

背景音：合作是我们的力量。上个月，销售部与科技研发部通力合作，共同实现了 700 万元的业绩指标，展现了我们团队的无限潜力。

[企业文化]

背景音：我们的企业文化充满创新、包容性和多样性，每个人的独特之处在这里都将得到尊重和发展。

[管理团队]

背景音：我们的管理团队由李女士、王女士和刘先生领导，他们有着丰富的经验和卓越的领导能力。

[面试流程]

背景音：申请很简单，投递您的简历，参加一面和二面的面试，您将有机会展示自己的才华和潜力。

[联系方式]

背景音：优秀人才自荐，请拨打电话：1222333××××，与我们取得联系吧！

[结束画面]

（激励的音乐，展示企业标志和联系信息）

背景音：加入我们，成就梦想的舞台，就在眼前。现在就行动，开启您的职业新篇章！

[视频结束]

接下来如法炮制，把无关内容、相关转场、背景音乐、结束画面等内容删掉，生成一份纯视频脚本如下。

ChatGPT 输出如下。

在这个充满机遇的时代，有一个值得您关注的企业。

10 年的执着，10 年的耕耘，我们是一家经验丰富的老企业，始终致力于为社会提供优质服务，为员工创造可靠的保障。

让我们认识李女士，她是我们公司的杰出员工，兢兢业业，任劳任怨。不仅月薪过万，更享有 6 个月工资的年终奖励。

我们拥有一个充满活力的六人团队，每个人都是团队的重要一员。同时，领导层更有独立办公室，为您提供舒适的工作环境。

现在，我们诚邀您加入我们的团队。前台客服缺 5 人，销售员工缺 10 人，科技研发更是急需 40 名人才。您将是我们的未来之星。

您的成长，是我们的骄傲。三个月的培训周期，半年一次的升职加薪机会，每年工资涨幅最低不低于月均工资的 2%，您的价值将得到充分体现。

合作是我们的力量。上个月，销售部与科技研发部通力合作，共同实现了 700 万元的业绩指标，展现了我们团队的无限潜力。

我们的企业文化充满创新、包容性和多样性，每个人的独特之处在这里都将得到尊重和发展。

我们的管理团队由李女士、王女士和刘先生领导，他们有着丰富的经验和卓越的领导能力。

申请很简单，投递您的简历，参加一面和二面的面试，您将有机会展示自己的才华和潜力。

优秀人才自荐，请拨打电话：1222333××××，与我们取得联系吧！

加入我们，成就梦想的舞台，就在眼前。现在就行动，开启您的职业新篇章！

假定该内容生成的视频脚本符合预期，那如何对该内容进行一键成片呢？继续打开百家号 AI 成片功能，单击一键成片，如图 9.29 所示。（注：百家号图文一键成片功能生成的图片，如果用于商业模式的话，可能存在版权风险，所以我们暂且没有展示。）

图 9.29　百家号一键成片（六）

接下来对视频进行剪辑调试，对真人出镜内容及相关素材进行一键替换，选择适合的背景音乐，即可生成企业招聘和人才展示视频。

为了便于理解客户案例视频如何制作，我们虚构了部分信息，但公式是通用的。当我们制作企业招聘和人才展示视频时，以下内容需要调试更换，如图 9.30 所示。

01企业介绍真实可信

05联系方式准确

02工作环境真实有效

04企业文化匹配

03职位空缺完整详细

图 9.30　需调试更换的内容

内容一：企业介绍一定要真实可信，包括但不限于历史使命、价值观和愿景，且经过公司领导定调。

内容二：工作环境、员工故事都要真实有效，防止公司内部员工对自家生产的宣传片反感抵触。

内容三：职位空缺必须完整详细，包括职位名称、职责要求、福利、工资补贴等内容，尽量不要出现薪资面议（特殊岗位除外）等相关字样。

内容四：企业文化必须与自家企业真实情况相贴合。

内容五：联系方式精确无误，最好有投递简历的渠道。

上述内容补充完毕后，按照流程进行调试，将真实录制的视频剪切到对应人工智能一键生成的视频位置并进行覆盖，即可一键生成企业招聘和人才展示视频。

9.5 企业视频剪辑五要素

企业视频在剪辑的过程中有 5 点注意事项，其中第 1 点最为重要，如图 9.31 所示。

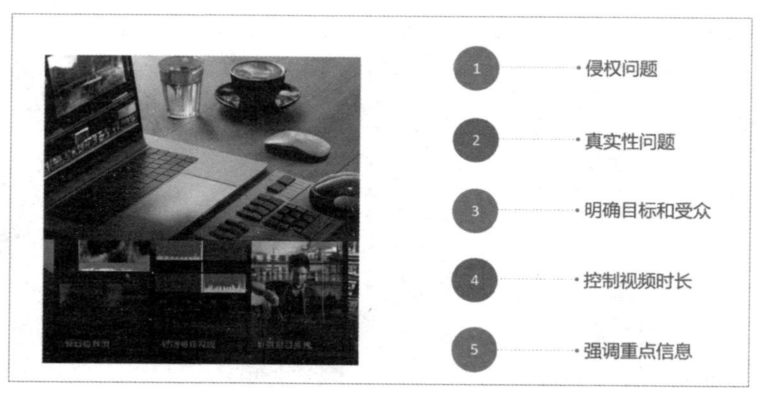

图 9.31 视频剪辑注意事项

第 1 点，侵权问题。

无论是公司领导要求做视频剪辑，还是个人自发地为企业剪辑宣传片，一定要考虑一个核心问题，即是否商用。准确地说，相较于个人剪辑视频而言，企业做视频剪辑时，侵犯的商用版权往往会更多，侵权内容也会更多。更重要的是因为企业是有法人的，这就很容易出现企业在做自家企业宣传片时，被部分品牌投诉追责，包括但不限于市面上常用的几乎所有剪辑软件。注意，是几乎所有的剪辑软件，它们一键生成的视频素材在很大概率上有侵权风险。

如果视频只用于企业内部，且不存在商业行为，就几乎不会有版权风险。但如果视频用于商业宣传，比如将视频放到某些特殊地方展示或引导用户下单，就一定要考虑版权问题。这里的版权一共有 3 类，分别是视频画面、音频、字幕。

以生成的画面为例，在百家号的AI成片功能左下角有“免责声明”，重点看一下第 10 条内容，如图 9.32 所示。

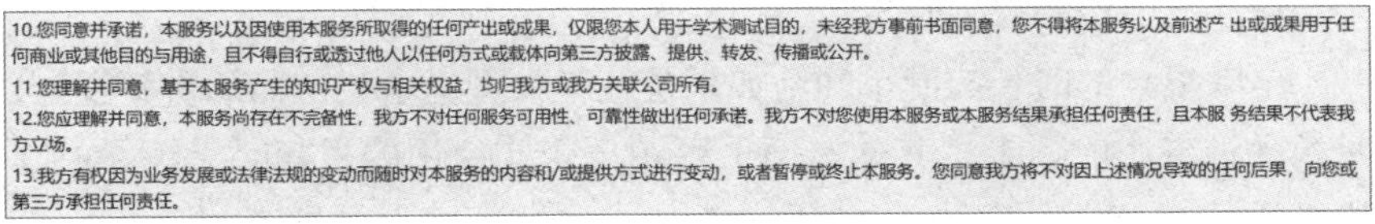

10.您同意并承诺，本服务以及因使用本服务所取得的任何产出或成果，仅限您本人用于学术测试目的，未经我方事前书面同意，您不得将本服务以及前述产 出或成果用于任何商业或其他目的与用途，且不得自行或透过他人以任何方式或载体向第三方披露、提供、转发、传播或公开。

11.您理解并同意，基于本服务产生的知识产权与相关权益，均归我方或我方关联公司所有。

12.您应理解并同意，本服务尚存在不完备性，我方不对任何服务可用性、可靠性做出任何承诺。我方不对您使用本服务或本服务结果承担任何责任，且本服 务结果不代表我方立场。

13.我方有权因为业务发展或法律法规的变动而随时对本服务的内容和/或提供方式进行变动，或者暂停或终止本服务。您同意我方将不对因上述情况导致的任何后果，向您或第三方承担任何责任。

图 9.32　免责声明

下面以文字的形式将第 10 条内容复述一下。

10. 您同意并承诺，本服务以及因使用本服务所取得的任何产出或成果，仅限您本人用于学术测试目的，未经我方事前书面同意，您不得将本服务以及前述产出或成果用于任何商业或其他目的与用途，且不得自行或透过他人以任何方式或载体向第三方披露、提供、转发、传播或公开。

那画面或素材如何能保证不侵权呢？无非两种方式：一是去摄图网等一些专业网站购买企业的相关素材使用权限；二是全部由公司内部员工进行录制，录制完成后在一键生成视频的过程中进行素材替换。

音频侵权就目前来看，没有找到实际案例。当然以前没有并不意味着一直没有，不排除部分平台会对自己的语音相关素材包进行版权追责，企业在商用的过程中也要谨慎操作。

字幕侵权的解决方式非常简单，使用免费可商用字幕进行视频配置，比如思源、站酷、阿里巴巴的部分字体是可以商用的。

第 2 点，真实性问题。

任何一个行业，能做大做强的企业屈指可数，所以行业内部的消息非常敏感，同圈子的人基本都知道。这就意味着如果制作企业宣传片或相关产品的宣传片，就必须保证素材的真实性，可以说画面不美观、质量不高，甚至视频允许模糊一些，但真实性不容作假。如果一家企业因真实性最终被甲方平台或乙方公司直接指出，那在行业里基本就丧失了信誉，想要继续发展好难如登天。

第 3 点，明确目标和受众。

无论制作与企业相关的何种视频，一定要注意在视频剪辑或视频录制之前，明确视频的主要目标群体、传达的信息，这点非常关键。

第 4 点，控制视频时长。

不同视频的时长控制不同，如果是一些大型赛事或产品的讲解视频，时长允许半小时以上，其他市面上可用于企业商用的视频时长，一般建议不超过 15 分钟，以 5 ～ 10 分钟为主。

第 5 点，强调重点信息。

一家企业经营和发展，必定希望视频中对外讲解的产品相关内容越多越好，但如果把这些内容全部加入，一来时长无法控制，二来吸引不了客户，所以需要把重点信息突出、前置。

做好以上 5 点，企业宣传片的视频剪辑就出不了太大问题。